U0151566

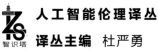

人工智能伦理译丛

译丛主编 杜严勇

〔奥〕马克·考科尔伯格◎著

周薇薇　陈海霞◎译

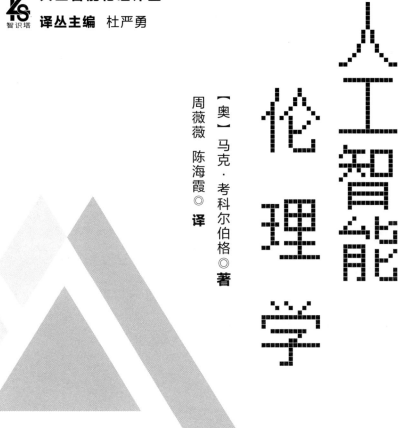

上海交通大学出版社
SHANGHAI JIAO TONG UNIVERSITY PRESS

内容提要

本书引入伦理学理论,与人工智能发展中出现的所有问题联系起来,全方位概述人工智能在发展中出现的伦理议题,包括对人工智能未来前景的权威预测,对人类本质与未来的哲学探讨,对责任与偏见的伦理学思考,以及如何通过政策手段解决由于人工智能技术出现而面临的实际问题。

图书在版编目(CIP)数据

人工智能伦理学 / 杜严勇译丛主编;周薇薇,陈海霞译. —上海:上海交通大学出版社,2023.3
　　ISBN 978 - 7 - 313 - 25973 - 8

　　Ⅰ.①人… Ⅱ.①杜… ②周… ③陈… Ⅲ.①人工智能-技术伦理学-研究 Ⅳ.①TP18②B82 - 057

中国国家版本馆 CIP 数据核字(2023)第 031190 号

人工智能伦理学
RENGONG ZHINENG LUNLIXUE

译丛主编:杜严勇　　　　　　　　　　　著　者:[奥]马克·考科尔伯格
译　者:周薇薇　陈海霞
出版发行:上海交通大学出版社　　　　　地　址:上海市番禺路 951 号
邮政编码:200030　　　　　　　　　　　电　话:021 - 64071208
印　制:上海新艺印刷有限公司　　　　　经　销:全国新华书店
开　本:880 mm×1230 mm　1/32　　　　印　张:5.625
字　数:115 千字
版　次:2023 年 3 月第 1 版　　　　　　 印　次:2023 年 3 月第 1 次印刷
书　号:ISBN 978 - 7 - 313 - 25973 - 8
定　价:58.00 元

版权所有　侵权必究
告读者:如发现本书有印装质量问题请与印刷厂质量科联系
联系电话:021 - 33854186

献给阿尔诺(Arno)

译丛前言 | Foreword

关于人工智能伦理研究的重要性，似乎不需要再多费笔墨了，现在的问题是如何分析并解决现实与将来的伦理问题。虽然这个话题目前是学术界与社会公众关注的焦点之一，但由于具体的伦理问题受到普遍关注的时间并不长，理论研究与社会宣传都有很多工作需要开展。同时，伦理问题对文化环境的高度依赖性，以及人工智能技术的发展与应用的不确定性等多种因素，又进一步增强了问题的复杂性。

为了进一步做好人工智能伦理研究与宣传工作，引进与翻译一些代表性的学术著作显然是必要的。我们只有站在巨人的肩上，才能看得更远。因此，我们组织翻译了一批较新的且具有一定代表性的人工智能伦理著作，组成"人工智能伦理译丛"出版。本丛书的原著作者都是西方学者，他们很自然地从西方文化与西方人的思维方式出发来探讨人工智能伦理问题，其中哪些思想值得我们参考借鉴，哪些需要批判质疑，相信读者会给出自己公正的评判。

感谢本丛书翻译团队的各位老师。学术翻译是一项费心费力的工作，从事过这方面工作的老师都知道个中滋味。特别感谢

1

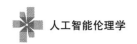

哈尔滨工程大学外国语学院的毛延生教授、周薇薇副教授团队，他们专业的水平以及对学术翻译的热情令人敬佩。

上海交通大学出版社对本丛书的出版给予大力支持，特别是崔霞老师、蔡丹丹老师、马丽娟老师等对丛书的出版做了大量艰苦细致的工作，令我深受感动。上海交通大学出版社的编辑团队对丛书的译稿进行了专业的润色修改，使丛书在保证原有的学术内容的同时，又极大地增强了通俗性与可读性，这是我完全赞同的。

本批著作共五本，是"人工智能伦理译丛"的第一辑。目前，我们已经着手进行第二辑著作的选择与翻译工作，敬请期待。恳请各位专家、读者对本丛书各方面的工作提出宝贵意见，帮助我们把这套书做得更好。

本丛书是 2020 年国家社科基金重大项目"人工智能伦理风险防范研究"（项目编号：20&ZD041）的阶段性成果。

杜严勇

2022 年 12 月

目录 | Contents

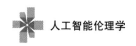

丛书前言 | Foreword

　　麻省理工学院出版社出版的科学通俗基本读物系列丛书紧紧围绕当下热点话题，内容简洁，装帧精美，书籍小巧，携带方便。系列丛书皆出自名家之手，涉及文化、历史、科学、技术等诸多领域，专家云集，观念纷呈。

　　身处信息时代，我们能够轻松获知个人观点、接受合理化建议、了解一般性知识，但如若真想对科学世界一探究竟，哪怕是学习基础的专业知识也会苦无门径。本丛书恰好应运而生，填缺补空。本丛书对繁复的专业知识予以综合提炼，对其中涉及的重要问题展开论述，给非专业学习者提供参考，帮助他们在求知路上逢山铺路，遇水架桥。

布鲁斯·蒂多（Bruce Tidor）

麻省理工学院生物工程与计算机科学学院教授

致谢 | Acknowledgements

　　本书既包含了本人关于人工智能伦理学方面的论述，也涵盖了该领域内其他相关的知识和成果。谨此感谢乔安娜·布赖森（Joanna Bryson）和卢克·斯蒂尔斯（Luc Steels）等人工智能领域的研究人员，该领域的研究队伍正快速壮大；感谢我的伙伴，香农·瓦洛（Shannon Vallor）和卢西亚诺·弗洛里迪（Luciano Floridi）等技术哲学家；感谢在荷兰和英国研究负责创新的学者，如德蒙福特大学的贝恩德·斯塔尔（Bernd Stahl）；感谢相会于维也纳的罗伯特·特拉普尔（Robert Trappl）、萨拉·施皮克曼（Sarah Spiekermann）和沃尔夫冈·比尔·普赖斯（Wolfgang Bill Price）等人；感谢来自政策导向顾问团、人工智能高级专家组（欧盟委员会）和奥地利机器人与人工智能委员会（ACRAI）的成员，如拉贾·夏蒂拉（Raja Chatila）、弗吉尼亚·迪格纳姆（Virginia Dignum）、杰伦·范登霍芬（Jeroen van den Hoven）、萨拜因·克塞吉（Sabine Köszegi）和马蒂亚斯·朔伊茨（Matthias Scheutz）等人；由于篇幅所限，对于这些年与我相谈相助并让我获益良多的友人不能一一列出，在此一并感谢。特别感谢扎卡里·斯托姆斯（Zachary Storms）在校对

1

和格式方面提供的帮助,感谢莉娜·斯塔克(Lena Starkl)和伊莎贝尔·沃尔特(Isabel Walter)在文献检索方面给予的大力支持。

第 1 章

魔镜,魔镜,告诉我

人工智能悄无声息地嵌在我们日常使用的工具程序中;它已经存在,并且无处不在。

人工智能伦理不仅涉及技术变革及其对个人生活的影响,也涉及社会和经济的变革。

对人工智能的热议与恐惧：魔镜,魔镜,告诉我,谁是最聪明的那一个?

时间来到 2016 年 3 月,谷歌旗下的深度思考公司(Deep Mind)开发的人工智能程序阿尔法狗在与围棋大师李世石的围棋比赛中以 4 比 1 获胜。结果公布时,李世石黯然泪下。20 年前,国际象棋大师加里·卡斯帕罗夫(Garry Kasparov)输给了超级计算机"深蓝"。而现在,在这样一场依靠直觉和战略思维,通常认为只有人类才可以进行的高难度围棋比赛中,一个计算机程序竟战胜了第 18 届世界冠军李世石。计算机能够在比赛中获胜,并非只是死板地遵循程序员设定好的程序,而是以机器学习的方式,基于过去数百万次围棋比赛的数据,通过自身对抗练习才赢得比赛。在这个过程中,程序员准备数据包并创建算法,但不知道比赛中计算机将回应什么样的棋步,整个过程依靠的是人工智能的自我学习。比赛中,计算机程序阿尔法狗棋步诡秘,下法新奇,李世石无奈弃棋认输(Borowiec,2016)。

人工智能所取得的成就令人瞩目,也令人深思。它精妙的棋步让人惊羡,同时也让人沮丧,甚至让人恐惧。一方面,人们希望有更智能的人工智能可以帮助我们实现医疗改革,解决各种社会问题,另一方面也担心人类将被机器取而代之。机器是否智力超人,能否控制人类？人工智能仍然只是人类的一个工具,还是终有一天会翻身成为人类的主人？这些担忧让我们想起斯坦利·库布里克(Stanley Kubrick)的科幻电影《2001：太空漫游》中人工智能计算机哈尔的话,它在回应人类"打开舱门"的命令时回答:"恐怕不行,戴夫。"即使没有担忧恐惧,也难免沮丧失望。之前,达尔文和弗洛伊德已经摧毁了人类"独一无二"的信念,也摧毁了人类的优越感和控制欲。今天,人工智能使人类的自我认知再一次遭受重创。诸事难事,一台机器就能完成,我们人类还能做什么？我们是什么？我们也是机器吗？我们是有很多程序漏洞的劣质机器吗？我们会变成什么样呢？我们会沦为机器的奴隶吗？或者像电影《黑客帝国》中描述的那样,人类只是能源形式？

人工智能已经存在,并且无处不在

如今,人工智能已经破圈而出,不再是游戏设定或科幻小说的情节。目前,人工智能作为复杂技术系统的一部分,悄无声息地嵌在我们日常使用的工具程序中;它已经存在,并且无处不在(Boddington,2017)。考虑到计算机能力的指数级增长,社交媒体和智能手机的大规模使用带来的大数据的可用性,以及移动网络的铺开,人工智能,尤其是机器学习,已经取得了重大进展。目前,人类的许多社会活动,如规划制订、语音识别、人脸识别和决策制定等,都涉及人工智能算法。人工智能在众多领域内广泛应用,包括运输、营销、医疗保健、金融和保险、安全和军事、科学、教

3

育、办公和人工智能助理(如谷歌双工①)、娱乐、艺术(如音乐检索和作曲)、农业,当然还有制造业。

人工智能是由信息技术和互联网公司创建和使用的。例如,谷歌一直使用人工智能作为其搜索引擎;脸书使用人工智能进行定向广告和照片标记;微软和苹果使用人工智能来支持他们的数字助手。但比起狭隘的信息技术行业,人工智能的应用范围要更加广泛。例如,对于自动驾驶汽车技术已经拥有切实的计划,并已付诸实践,这一技术的基础就是人工智能。无人机若装备有人工智能的自动武器,在无须人工干预的情况下即可杀人。此外,人工智能已经被用于司法决策。例如,在美国,替代性制裁的惩罚性罪犯管理分析(COMPAS)系统能够预测有再次犯罪倾向的人员。人工智能还进入了我们通常认为更私人或更私密的领域。例如,机器现在能对人脸进行识别,不仅可以识别外貌,还可以读取我们的情绪,检索各种信息。

讨论伦理和社会问题的必要性

人工智能有诸多优势,人工智能的应用能够改善公共和商业服务。例如,应用在医学领域的图像识别,有助于诊断癌症和阿尔茨海默病等疾病。但人工智能的这些日常应用也表明,新技术引发了伦理问题。我来举几个人工智能伦理问题方面的例子。

人工智能伦理学需要解决的问题很多:自动驾驶汽车应该

---

① 参见 https://www.youtube.com/watch? v=D5VN56jQMWM.

有内在的道德约束吗？如果有,采用什么样的道德约束？这种道德约束应该如何确定？例如,如果一辆自动驾驶汽车陷入这样一种情况,它必须在开车撞向一名儿童或撞向墙壁以挽救儿童的生命,但可能导致车内人员死亡之间做出选择,它应该如何选择？自主杀伤性武器是否应该被允许使用？我们可以将多少项决策、多大程度的决策权交给人工智能？出现问题时,谁来负责？在案件审判中,法官们对COMPAS算法的信任度高于辩方和控方达成的审判决议。[1] 我们能这样过分依赖人工智能吗？而且COMPAS算法也备受争议,研究表明,该算法发生在黑人身上的误报率（预测会再次犯罪但实际上并没有发生）更高（Fry,2018）。因此,人工智能会加剧偏见和不公正的歧视。其他算法也会有类似的问题,包括为抵押贷款申请和工作申请提供决策建议的算法。还有所谓的警务预测算法,此算法被用来预测犯罪可能发生的地点（例如,城市某个区）,可能犯罪的嫌疑人,但最终的预测结果可能是将某一个社会经济或种族群体列为警察监管的重点对象。警务预测算法已经在美国投入使用,最新的《算法观察》（2019）报告显示,欧洲目前也采用了这种算法。[2] 此外,基于人工智能的人脸识别技术经常被用于监视行动,这一技术还可以在一定程度上预测出性取向,这会侵犯人们的隐私权。一台远处

---

[1] 参见弗莱（2018：71—72）讲述的保罗·齐利（Paul Zilly）的案例。更多细节参见 Julia Angwin, Jeff Larson, Surya Mattu and Lauren Kirchner, "Machine Bias", ProPublica, May 23, 2016, https://www.propublica.org/article/machine-bias-risk-assessments-in-criminal-sentencing.

[2] 例如,2016年,比利时的一个警察局开始使用预测性警务软件对入室盗窃和车辆盗窃案件进行预测（Algorithm Watch, 2019：44）。

的机器,不需要手机提供任何信息,也不需要任何生物特征数据,就可以正常运行。它可以通过街道上及其他公共场所安装的摄像头,识别我们的情绪,读取我们的数据。然后通过数据分析,在我们一无所知的情况下,预测我们的心理和身体健康程度。我们的日常行为就这样被公司雇主利用这项技术日日监控。活跃在社交媒体上的一些算法能够煽动仇恨言论,传播虚假信息。例如,用于政治目的的机器人可以像真人一样出现在社交媒体上,并发布有政治倾向的内容。一个已知的例子是,2016 年,微软开发了一个名为 Tay 的聊天机器人,它被设计在推特上与人进行有趣的对话,但随着它的智能越来越高,就开始发布种族主义言论。一些人工智能算法甚至可以制作虚假的演讲视频,其中曾有模仿巴拉克·奥巴马(Barack Obama)的具有误导性的虚假演讲视频。[①]

人工智能的研发初衷是好的,这些伦理问题通常是人工智能技术发展中出现的意外后果:大多数人工智能的不良影响,如带来的偏见或仇恨言论,都不是其开发人员或技术用户的本意。此外,人工智能的发展还面临一个关键性问题:此技术升级改进的最终受益者是谁? 是政府还是公民? 是执法者还是违法者? 是商家还是顾客? 是法官还是被告? 如出现人工智能技术仅由少数几家大公司掌控的情况时,控制权的归属该何去何从?(Nemitz,2018)谁掌控了人工智能的未来?

[①] BuzzFeedvideo,"You Won't Believe What obama Says in This Video!" https://www. youtube. com/watch? v = cQ54GDm1eL0&fbclid = IwAR1oD0Alop EZa00XHo3WNcey_qNnNqTsvHN_aZsNb0d2t9cmsDbm9oCfX8A.

这些问题道出了人工智能的社会和政治意义。人工智能伦理不仅涉及技术变革及其对个人生活的影响,也涉及社会和经济的变革。这项技术所引发的偏见和歧视问题已经表明:人工智能具有社会相关性,它在改变经济的同时,也可能改变当前的社会结构。布林约尔松(Brynjolfsson)和麦卡菲(McAfee,2014)认为,我们已经进入了"第二机器时代",在这个时代,与在工业革命时代不同的是,机器不再只是人类的补充,它还能够取而代之。随着科幻小说中描述的先进技术进入现实世界,各种职业、各种工作都将受到人工智能的影响,我们的社会必将发生翻天覆地的变化(McAfee,Brynjolfsson,2017)。工作的未来是什么? 当人工智能取代了人类的岗位,我们会有什么样的生活?"我们"指的是哪个群体? 谁会在这一变革中获益,谁又将在这一变革中失利?

关于本书

基于惊人的突破,人工智能被大肆宣传。人工智能已经在广泛的知识领域和社会实践中得到应用。首先,这引发了人们对技术未来的疯狂猜测,也引发了人们对人类意义的有趣哲学讨论。其次,这让伦理学家和政策制定者产生了一种紧迫感,要确保这项技术造福于我们,而不是给个人和社会带来无法克服的挑战。后一种担忧更为实际,也更为直接。

本书的作者是一位学术领域的哲学家,也有政策制定方面的经验。本书主要探讨人工智能的两个方面:一,引入伦理学理论,与人工智能发展中出现的所有问题联系起来。二,全方位概述人工智能在发展中出现的伦理议题,包括对人工智能未来前景的权威预测,对人类本质与未来的哲学探讨,对责任与偏见的伦理学思考,以及如何通过政策手段解决由于人工智能技术出现而面临的实际问题。——希望现在,还"为时未晚"。

如果"为时已晚",会发生什么?人工智能的未来可能是盛世繁华,也可能是乱世绝望。下一章就从展望技术未来开始,探讨未来的梦中天堂与梦中地狱,探讨相关的权威性论述,至少从表面上来看,这些论述是在讨论如何评估人工智能潜在的益处和危害。

第 2 章

超级智能、怪物与人工智能天启

玛丽·雪莱的小说《弗兰肯斯坦》(副标题是"现代普罗米修斯的故事")中,从无生命物质中创造出智能生命的过程被改编成一项现代科学计划。

少有人知的是,在西方文化史上,宗教和技术一直是相辅相成的。

超级智能与超人类主义

围绕人工智能的热议，引发了人们对未来人工智能的各种猜测，这些猜测实质上就是对人类未来何去何从的推测。一个流行的看法认为，超级智能，也可以称作"机器"，总有一天会接管并控制人类，而人类控制不了超级智能。这一观点频频在媒体和有关人工智能的公开讨论中出现，同时也得到了一些研发人工智能技术的权威科技人士的认同，如埃隆·马斯克(Elon Musk)和雷·库兹韦尔(Ray Kurzweil)等。对不同的人来说，人工智能世界可能是梦中天堂，也可能是梦中地狱，还可能半是天堂半是地狱。

超级智能的概念是机器将超越人类的智能。人们常常把它与智能爆炸和技术奇点联系在一起。尼克·博斯特罗姆(Nick Bostrom，2014)认为，人类的命运会与大猩猩的命运相似，人类掌控大猩猩的命运，而人工智能掌控人类的命运。他认为发展到超级智能(有时也被称为智能爆炸)的途径至少有两种。一种途径是人工智能循环性地自我升级改进：人工智能可以设计自我改进的升级程序，然后据此再设计出更智能的升级程序，逐级上升。另一种途径是全脑模拟或上传：通过智能软件对生物大脑进行扫描、复制，实现生物大脑的模拟。然后，这种模拟的生物大脑可以装载到机器人的机身上。这样的发展态势预示着非人类智能的爆炸。马克斯·特格马克（Max Tegmark，2017）设想会有一个团队可以创造出全能型人工智能，它能操控这个世界。而尤瓦尔·赫拉利（Yuval Harari）描绘了一个世界，在这个世界里，人类不再主宰世界，而是依赖数据和信任算法来做出决定。在所有的人文主义幻想和自由主义制度都被摧毁后，人类唯一的梦想就是融入数据流。人工智能的发展方向，就是"去人类未踏之境，让人类无法企及"。（Harari，2015：393）

智能爆炸的概念与技术奇点的概念密切相关。技术奇点指的是人类历史上会出现这样一个时刻，技术指数级的进步将带来巨大的变化。那一刻的技术发展会完全超乎全人类的理解能力，"我们能够理解的人类行事法则那一刻不复存在"（Shanahan，2015）。1965年，英国数学家欧文·约翰·古德（Irving John Good）曾预言，将会出现超智能机器，能够设计出比自身更优良的机器；20世纪90年代，科幻作家兼计算机科学家维诺·温格（Vernor Vinge）认为，这将意味着人类时代的终结。计算机科学先驱约翰·冯纽曼（John von Neumann）早在20世纪50年代就提出了类似的想法。雷·库兹韦尔接受了"奇点"这一术语，并预测人工智能与计算机、遗传学、纳米技术和机器人技术一起，引发机器智能超越所有人类智能的总和的时刻，最终人类和机器智能将会融合在一起，从而突破其作为生物体的种种限制。正如他的书名所言：奇点临近。他认为这将在2045年左右发生。

世事难料，终局难测。对于博斯特罗姆、特格马克等人来说，恰恰是超级智能陷人类于"生存险境"，人工智能技术进步的结果也可能是一个超级人工智能控制并威胁人类智能的生命。无论人工智能是否进化出自主意识,更普遍地说,无论它的地位如何或如何产生,人们始终关注的是它能做什么(或者不能做什么)。人工智能可能并不以人类的目标为己任。它并非生物体,甚至无法理解人类所经历的痛苦。为此,博斯特罗姆进行了人工智能的思维实验,此人工智能的设计指令是尽最大可能生产曲别针。结果为了完成这个指令,它在原料耗尽时,会选择将地球和人类毁灭来转化为原料。因此,我们今天面临的问题是,如何避免我们设计的人工智能脱离控制,即如何让人工智能能够想人类之所想,急人类之所急。比如,我们是否应该以某种方式限制人工智能的能力?我们如何控制人工智能?[①]

对此,超人类主义思想也占据一席之地。博斯特罗姆等超人类主义者认为,解决超级智能带来的问题,消除对人类自身弱点产生的失望情绪,可以通过改进人类自身条件来实现,由此可以增强智力,减少疾病,延长寿命,甚至可以实现长生不老。正如赫拉利在《未来简史》中所说:未来人类将会进化成神。弗朗西斯·培根(Francis Bacon)在《各家哲学的批判》一书中也说:人类是"不朽的神灵"(Bacon,1964:106)。所以,为什么不尝试实现永生呢?但超人类主义者认为,即使无法实现长生不老,人类作为人机系统的一部分也需要升级。否则,人类就是人工智能系统里"运行缓慢且效率日益低下的配件"(Armstrong,2014:23)。一些超人类主义主张,既然需要重新设计人类的生物体结

[①] 有些人谈论驯服或驯化人工智能,虽然将其与野生动物类比不够合适,但那只是因为一些人想象中的人工智能也"野性难驯",由于动物先天能力的限制,它们只能在一定程度上进行训练和发展(Turner,2019)。

构,为什么不完全放弃生物部分,设计出非有机的智能生物呢?

尽管大多数接受这些观点的哲学家和科学家小心翼翼地将自己的观点与科幻小说描述和宗教表达区分开来,但许多研究人员还是准确地用这些术语来阐释他们的观点。首先,尚不清楚他们的观点与当前的技术发展和人工智能科学有多大关系,另外,也不确定在可预见的未来,就算真有超级智能,我们是否有机会研发出来。一些学者已经断然否认了超级智能出现的可能性(见下一章),而那些准备接受这种可能性的人,例如科学家玛格丽特·博登(Margaret Boden),也认为实际发生的可能性并不大。超级智能的概念假设我们将研发出所谓的"通用智能",或与人类相匹配或超过人类的智能形式,但是要实现这一目标,还有许多无法逾越的障碍。博登(Boden,2016)认为,人工智能并不像人们想象的那么有前景。2016 年的一份白宫报告对私营公司研发专家达成的共识表示认同,即通用人工智能至少要几十年才能实现。许多人工智能研究人员也对博斯特罗姆等人提出的妖魔化人工智能的观点持反对意见,并强调人工智能作为助手或协作者的积极作用。况且需要解决的问题并不仅仅是对未来的预测。还有一种观点认为,人工智能对未来的影响无需多议,毕竟很遥远,应该聚焦其目前实际应用中存在的真实风险(Crawford and Calo,2016)。似乎在不久的将来,人工智能就会被广泛使用,但是由于智能性还不高,我们可能无法充分理解它们的伦理影响和社会影响,这才是真正的风险。另外,过分强调智能是人类的主要特征和我们唯一的终极目标,这一观点也同样有待商榷(Boddington,2017)。

　　尽管如此,超级智能的概念已经成为公众的日常话题。它们还可能对技术发展产生影响。例如,雷·库兹韦尔不仅是一位未来学家,自 2012 年以来,他一直担任谷歌的技术总监。特斯拉公司和太空探索技术公司(Space X)的首席执行官,知名的公众人物埃隆·马斯克,似乎也支持博斯特罗姆和库兹韦尔提出的超级智能和人类生存危机的预测(也许是末日危机)。埃隆认为人工智能会带来人类的生存危机,他曾多次警告大众人工智能的危险,并声称我们无法控制这个恶魔(Dowd,2017)。他认为,除非人类和机器智能融合,或者我们设法逃到火星,否则人类将面临灭顶之灾。

　　也许这些观点之所以流传广泛,是因为它们触及了我们集体意识中对人类和机器的深切关注和渴望。无论我们是否承认,上述观点都与文化故事、历史传说相承相连,试图思考人类本质,探寻人类和机器的关系。为了更好地理解这些观点,需要清晰明确的叙事说明风格。因此,有必要将叙事方法研究与人工智能伦理学结合起来。比如,探究某个说法广为流传的原因,了解这一说法的起源及受益方(Royal Society,2018)。它还可以帮助我们构建人工智能未来的新叙事。

弗兰肯斯坦①(Frankenstein)的新怪物

　　避免人工智能话题炒作升级,可以引入人类文化史上的一些

---

① "弗兰肯斯坦"是小说中那个疯狂科学家的名字,他用许多碎尸块拼接成一个"人",并用闪电将其激活。《弗兰肯斯坦》已经成为科幻史上的经典,现在很多幻想类影视作品中经常出现这个怪物的翻版。"弗兰肯斯坦"一词后来用以指代"顽固的人"或"人形怪物",以及"脱离控制的创造物"等。——译者注

相关叙述,这些叙述是当前人工智能热议话题的起源,也就是说,这并非是人们第一次对人类的未来及技术的未来展开讨论。而且,无论一些关于人工智能的想法多么异想天开,我们都可以探索其与我们的集体意识中相当熟悉的观念和叙事之间的联系。这里所说的集体意识,是指西方社会的集体意识。

首先,无论在西方文化还是非西方文化中,对人类、机器或人造生物的思考由来已久。在苏美尔文化、中国文化、犹太文化、基督教文化和穆斯林文化中,都有从无生命的物质中创造生命的故事。在古希腊文化中就已经有了"人造人"的设想,特别是以造出人造女性的设想居多。例如,在《伊利亚特》中,据说赫菲斯托斯①(Hephaestus)铸造了"黄金女仆"。在著名的神话《皮格马利翁》中,一位雕塑家爱上了一个自己用象牙制作的女人像。他渴望她拥有生命,女神阿芙罗狄蒂施法实现了他的愿望:雕像的嘴唇变得温暖,身体变得柔软。从这个故事中,我们能看到当代性爱机器人的影子。

这些传说不仅来源于神话,古希腊数学家兼工程师亚历山大港的希罗(Hero of Alexandria)(约公元 10 年—70 年)在他的《自动机》(Automata)一书中有一些关于机器的描述,这些机器让神寺里的人相信他们看到了神迹。1901 年,人们在海里发现了一件人工制品——安提基特拉机械,它被确定为是一台由复杂的发条装置构成的古希腊模拟计算机。但机器变成人类的虚构故事更加引人入胜。举个例子,泥人传说中,16 世纪时,有个拉比用黏土制成了一个怪物,后来怪物失去了控制。可见关于控制的问

---

① 古希腊神话中的火与工匠之神。——译者注

题早已有之。普罗米修斯的神话也经常被这样解读：他从神那里偷取火种，把火给了人类，然后受到惩罚，被罚一生都要被锁在岩石上，每天遭受恶鹰啄食肝脏的巨大痛苦。古老的教训警告人类莫要狂妄：如此巨大的力量注定不能为凡人所拥有。

然而，在玛丽·雪莱（Mary Shelley）的小说《弗兰肯斯坦》（副标题是"现代普罗米修斯的故事"）中，从无生命物质中创造出智能生命的过程被改编成一项现代科学计划。科学家维克多·弗兰肯斯坦（Victor Frankenstein）用不同尸体的各个部分拼凑成一个巨大人形怪物，但他失去了对这个怪物的控制。泥人传说中，虽然拉比最终仍然可以控制泥人，但是在《弗兰肯斯坦》这本小说中，怪物失控了。《弗兰肯斯坦》可以被看作是一部对现代科技发出警告的浪漫主义小说，但实际上它的创作灵感来源于科学发展，其中让尸体复活的技术是电击，而电在当时是一项非常新的技术。这个情节还参考了磁力学和解剖学。

当时的思想家和作家就生命的本质和起源展开了辩论。什么是生命的力量？玛丽·雪莱受到那个时代科学的影响。[1] 创作的故事展示了 19 世纪的浪漫主义者对科学的深深期许，就像他们希望诗歌和文学把我们从现实的黑暗中解放出来一样（Coeckerbergh，2017）。这部小说不应该被视为反科学、反技术的著作，书中所传递的思想应该是：科学家需要为他们的发明创造负责。书中怪物之所以逃跑是因为它的创造者抛弃了它。对

---

[1] 人们通常认为，这是由于玛丽·雪莱经常与父母一起讨论政治、哲学、文学、和科学，涉猎广泛，耳濡目染，深受父母的影响。玛丽·雪莱的伴侣珀西·比什·雪莱（Percy Bysshe Shelley）是一位业余科学家，对电的相关研究情有独钟。

于人工智能的伦理学来说,牢记这一教训非常重要。然而,这部小说明确地强调了技术失控的危险,特别是人造人类失控的危险。当今,人们关注人工智能失控问题时,也会产生类似的恐惧。

此外,就像在《弗兰肯斯坦》和泥人传说中一样,一种竞争的故事出现了:人造物与人类的竞争。这些故事不断影响着关于人工智能的科幻小说的创作,也影响着当代对人工智能和机器人技术的看法。1920年出版的剧作《罗素姆的万能机器人》,描写了机器人奴隶反抗主人的故事。之前提到的上映于1968年的电影《2001:太空漫游》中,人工智能机器人为了履行指令,杀死了太空飞船上的宇航员。2015年的电影《机械姬》中,人工智能机器人艾娃攻击她的研制者。《终结者》系列电影同样也讲述了机器人反制人类的故事。科幻作家艾萨克·阿西莫夫(Isaac Asimov)将这种对机器人的恐惧称为"弗兰肯斯坦情结"。这种恐惧延伸到了人工智能技术领域,成为科学家和投资者必须谨慎处理的问题。对待这种恐惧,有人为之申辩,有人则通过制造和扩散恐惧感火上浇油。前文中提到的马斯克,还有物理学家斯蒂芬·霍金(Stephen Hawking),他们都散播对人工智能的恐惧感,影响力巨大。霍金在2017年表示,人工智能的创造可能是我们文明史上最糟糕的事件(Kharpal,2017)。"弗兰肯斯坦情结"在西方文化和文明中广泛存在且根深蒂固。

超然存在与人工智能天启

像超人类主义和技术奇点这样的观点,在西方宗教和哲学思

想史上,尤其是在犹太-基督教传统和柏拉图主义中,都能找到前人的论述或同时代的对应观点。少有人知的是,在西方文化史上,宗教和技术一直是相辅相成的,这一点我们暂且不论,接下来主要论述超然存在和人工智能天启。

在有神论宗教中,超然存在意味着神明"高高在上",他独立于物质世界之外,不存于此界,不附身此界。在犹太-基督教的一神论传统中,上帝生于本身又超于本身,万法万象皆有神性。在天主教神学中,上帝通过他的儿子(基督)和圣灵内在地启示自己。关于人工智能的弗兰肯斯坦式故事似乎凸显了造物者与被造物之间(人类与人工智能之间)存在的分裂或鸿沟,而没有给这种分裂或鸿沟可以弥合的希望。

超然存在也可以指超越限制,超越某种物质形式。在西方宗教和哲学史上,这种想法的形式往往是超越物质和物质世界的限制。例如,在公元2世纪的地中海地区,诺斯替主义认为所有的物质都是邪恶的,旨在从人体中释放神性之火。在此之前,柏拉图认为肉体是灵魂的监狱。与肉体相比,灵魂被认为是不朽的。在他的形而上学中,他区分了永恒的形式和世界上不断变化的事物,因此前者超越了后者。在超人类主义中,我们看到了一些类似的想法。它不仅在克服人类局限的意义上保留了超然存在的主旨,而且这种超然存在应该发生的具体方式唤起了柏拉图和诺斯替主义:为了实现永生,生物的身体必须通过上传和人工制剂的发展来超越。

更确切地来说,当人工智能和相关的科学技术运用数学手段从混乱的物质世界中抽离出更纯粹的形式,这可以被理解为通过技术手段实现的柏拉图式的程序。人工智能算法就是实现柏拉图式程序的机器,这台机器会从外部物质世界(数据)中提取理性形式(模型)。

　　超然存在也意味着超越人类的自身条件。在基督教传统中,凡人成神,具有和神明一样的神性和完美性,就能弥合神明和人类之间的天堑。(Noble,1997)超人类主义者对永生的追求由来已久。早在美索不达米亚神话中就有:作为人类最古老的成文故事之一,《吉尔伽美什史诗》讲述了乌鲁克国王(吉尔伽美什)在他的朋友恩基杜(Enkidu)死后寻求永生的故事。他没有找到它:他设法采摘了一株据说能使人恢复青春的植物,不想却被一条蛇偷走了。最后,他不得不吸取教训,他必须面对自己死亡的现实,追求永生是徒劳的。纵观人类历史,人们一直在寻找长生不老药。如今,科学也在寻找抵抗衰老的方法。从这个意义上说,超人类主义者对永生或长寿的追求并不是新生事物,也非咄咄怪事,而是人类最古老的梦想之一,也是一些当代科学的追求。于超人类主义者来说,人工智能是一台有可能实现永生的超自然机器。

　　还有两个古老的观点,为超人类主义思想,尤其是技术奇点理论提供了生长的土壤,那就是天启论和末世论。古希腊语中的"天启"一词指的是上帝的启示,该词在犹太教和基督教教义中也有着重要意义。今天,它通常指一种特殊的启示意义,如末世景象或世界末日的情形。在宗教语境中,我们可以找到"末世"一词,它是用神学的表达阐述历史的终结事件和人类最终的命运。天启论和末世论大多都描述了世界经历彻底的通常是暴力的破

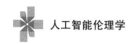

坏或毁灭后,建立起了新的世界,演化出更高层次的生命、更纯粹的意识形态。这也让我们想起了那些宣扬所谓末日的邪教和宗派,它们至今一直都在预言灾难和世界末日。虽然典型的超人类主义思想与这种宗教信仰和做法大相径庭,但技术奇点的概念与世界毁灭、末世论和世界末日的看法有一定的相似之处。

因此,虽然人工智能的发展是基于一种被认为是非虚构的、脱离宗教控制的科学,虽然超人类主义者通常与宗教保持距离,拒绝承认他们的理论是虚构的,但当我们讨论人工智能的未来时,科幻小说,以及古老的宗教和哲学思想不可避免地发挥了作用。

如何避免夸大人机冲突,遏制炒作

可能有人会问:有办法解决吗? 我们能否避免使用这些对立冲突的论调,找到更内在的方式对人工智能或相似技术的未来进行研究? 西方对人工智能的研究注定要陷入古老传统的牢笼? 陷入恐惧与迷惑的思路中无法解脱吗? 我们能否遏制炒作,让研究的焦点只投射到超级智能本身? 我想我们还是有解决办法的。

首先,我们可以在西方文化之外,去寻找不同的针对技术发展的思维方式,既非柏拉图式的,也非弗兰肯斯坦式的。比如,在日本,对科学技术的思考仍然比西方更受自然宗教的影响,尤其是神道教的影响。在日本的流行文化中,机器往往被描绘成人的助手,人们对机器人和人工智能的态度更加友好,这里也没有弗兰肯斯坦情结。日本崇尚"万物有灵论",接受人工智能可以拥有精神或灵魂,也接受机器被奉为神灵。这里没有人机冲突的故事,也没有柏拉图式的欲望——那种必须超越万物、不断捍卫人类地位凌驾于机器之上的欲望,也不认为人类与机器有什么本质的不同。据我所知,东方文化中也没有关于世界末日的概念,自然宗教认为万物有轮回,这与一神论宗教截然不同。因此,在西方文化之外(或者实际上是在也有自然宗教的西方远古文化中)探寻对人工智能未来的思维方式,可以帮助我们对其进行批判性评估。

其次,为了避免炒作,不把关于人工智能的伦理讨论局限于关于遥远未来的梦想和噩梦,我们可以采用以下方式:① 运用哲学和科学批判式地检验和研讨涉及人类和人工智能的假设和讨论。(例如,是否有可能研制出通用智能? 人和机器的区别是什么? 人和技术的关系是什么? 人工智能的伦理地位是什么?)② 更详细地了解目前人工智能的形式和应用情况。③ 随着人工智能应用的普及,对其引起的更具体、更紧迫的伦理和社会问题进行研讨。④ 调查近期制定的有关人工智能的政策。⑤ 质疑当前对人工智能的热议是否有助于我们解决其他问题,以及智能是否应该是我们唯一的关注点。在下一章中,我们将继续探讨这些问题。

第 3 章

全人类的视角

历史上曾经有过一个时期,对能否出现与人相似的人工智能持怀疑和批判的态度。

我们是有意义的、有意识的、有形体的、有生命的生物,我们的本性、思想和知识不能与计算机相提并论。

在这种后人类主义思想的支持下,人工智能似乎可以摆脱模仿或重塑人类的负担,进而可以对多样性的非人类物种、智能、创造力等进行探索。

通用人工智能会出现吗？人和机器之间有根本区别吗？

超人类主义者对技术未来的设想，是假设通用人工智能（或强人工智能）是可能被研发出来的，但这是可能的吗？也就是说，我们能研发出具有类似人类认知能力的机器吗？如果答案是否定的，那么整个超级智能愿景与人工智能伦理无关。也就是说，如果机器无法拥有人类的一般智能，那我们也就不必警惕超级智能。更通俗一点说，我们对人工智能的评价似乎取决于我们认为人工智能是什么，它会变成什么样，以及我们如何看待人类和机器之间的差异。至少自20世纪中期以来，哲学家和科学家们一直争执不下的问题就是这三个：计算机能做什么，能成为什么，以及人类和智能机器之间有什么区别。让我们回顾一下这些争论，回顾一下对人类和人工智能性质和认知的研究历史。

计算机能拥有智慧、意识和创造力吗？它们能理解事物所具有的意义吗？历史上曾经有过一个时期，对能否出现与人相似的人工智能持怀疑和批判的态度。1972年，致力于现象学研究的哲学家休伯特·德雷福斯（Hubert Dreyfus）出版了一本名为《计算机不能做什么》的书。① 自20世纪60年代以来，德雷福斯一直

———————————

① 德雷福斯深受埃德蒙·胡塞尔（Edmund Husserl）、马丁·海德格尔（Martin Heidegger）和莫里斯·梅洛-庞蒂（Maurice Merleau-Ponty）的影响。

对人工智能的哲学基础持批评态度,并对其未来发展提出了质疑,他认为人工智能研究项目注定会失败。在去伯克利大学之前,他一直就职于麻省理工学院。这是人工智能研发的一个重要机构,当时的人工智能主要基于符号处理。德雷福斯认为,大脑与计算机不同,思维不是通过符号处理进行的。我们有一个无意识的常识背景,基于经验和海德格尔所说的"在世存在",这些知识是隐性的,不能被形式化。德雷福斯认为,人类的知识是建立在感知而不是知道之上的。人工智能无法捕捉这种背景意义和知识。如果人工智能想要将所有认知和行为形式化,基本上就如炼金术和神话一样毫无可能。作为具象的、真实的存在,人类身处世界之中,只有我们才能理解其中的关联意义,才能根据形势需求做出反应。

当时,德雷福斯的观点遭受了诸多抨击。不过后来,许多人工智能研究人员不再对通用人工智能做出承诺或预测。人工智能的研究从依赖符号处理转向基于统计的机器学习这一新的模型。在德雷福斯所处的时代,现象学和人工智能之间仍存在着巨大鸿沟,但今天许多人工智能研究人员采用的具身化和情境化的认知科学方法,却是向现象学靠近了一步。

话虽如此,德雷福斯的反对意见仍然有一定的合理性,这也正是经常与科学世界观发生冲突的所谓的大陆哲学中关于人类的观点。欧洲大陆的哲学家通常强调,人类及其思维与机器有着本质上的不同,人类关注(自我)意识的经验和存在,这些经验和存在不能也不应该被简化为形式和科学解释。相反,另外一些哲学家,尤其是遵循哲学分析传统的哲学家,与人工智能研究人员关于人类的观点达成了共识，认为人脑及其思维与计算机的工作模式非常相似。哲学家保罗·丘奇兰德（Paul Churchland）和丹尼尔·丹尼特（Daniel Dennett）等人是支持该观点的典型代表人物。丘奇兰德认为，科学，尤其是生物进化理论、神经科学和人工智能，能够充分解释人类意识。他认为大脑是一个循环的中枢网络，他所谓的取消物理主义思想，否认非物理思想和经验的存在，认为我们所说的思想和经验只是大脑的一种状态。丹尼特也否认身体之外的任何事物的存在，认为"人类就是一种机器"（Dennett，1997）。如果人类本质上是一个有意识的机器，那么不仅在理论上，而且在现实中，这样的机器的存在就是可能的。我们可以试着制造这样的机器。有趣的是，大陆哲学家和分析哲学家都反对笛卡尔（René Descartes）的分裂精神与肉体的二元论，但反对的原因不同。前者反对是因为他们认为人类就是存在于这个精神和肉体不分离的世界中。后者是出于唯物主义观点，认为精神与肉体是密不可分的。

　　但并不是所有的分析哲学家都认为通用人工智能或强人工智能能够被研发出来。分析哲学家维特根斯坦（Wittgensteinian）后来的追随者认为，虽然可以通过一系列规则来描述一种认知现象，但这并不意味着我们的大脑中真的有规则（Arkoudas and Bringsjord，2014）。就如同德雷福斯所批判的，如果人类是这样思考的，至少基于符号处理的人工智能是无法表达这种形式的。约翰·瑟尔（John Searle）对人工智能的哲学批评也广为人知，他并不认为计算机程序具有真正的认知状态或理解意义的能力(Searle，1980)。他提出的思维实验被称为"中文房间争论"。实验中,瑟尔被锁在一个房间里,给他一些中文资料,他虽然不懂中文,却能够根据一本中文语法手册用中文回答出房间外的人提出的问题,能够根据所提供的资料(输入内容)得出正确的答案(输出内容)。他不懂中文也能成功做到这一点。瑟尔认为,同样的情形也适用于计算机。计算机程序可以通过输入一定的规则输出相应的信息,但它们什么都不懂。用更专业的哲学术语来说,计算机程序没有意向性,不能通过形式计算做到真正的理解。正如博登(Boden，2016)所说,意义来自人类。

虽然德雷福斯和瑟尔所批评的计算机程序今天已经更新为迥然不同的程序,但争议仍在。许多哲学家认为,人类的思维方式和计算机有着本质的区别。如今,人们仍然可以反驳说,我们是有意义的、有意识的、有形体的、有生命的生物,我们的本质、思想和知识不能与计算机相提并论。而且,请注意,即使是那些相信人与机器在原则上有许多相似之处,相信从理论上讲通用人工智能可能存在的科学家和哲学家,也经常反对博斯特罗姆关于超级智能以及类似于类人工智能即将出现的观点。博登和丹尼特都认为,通用人工智能在实践中很难被研发出来,因此我们无需杞人忧天。

因此,隐含在人工智能热议表面下的,是人们对人类的本质,人类的智能、思维、理解、意识、创造力、意义,人类的知识、科学等存在的巨大分歧。如果说这是一场"战斗",那么这场战斗不止关乎人工智能,也关乎人类本身。

现代性,(后)人类主义和后现象学

从人文学科的大视角出发,将关于人工智能与人类的讨论转换到更广泛的语境中,是一件趣事,可以看出面临危机的到底是哪一个。这不仅关系到技术和人类,还反映出人们对现代性的深刻分歧。我将简要地谈谈间接影响人工智能伦理讨论的三个分歧。第一个是早期现代启蒙运动和浪漫主义之间的分歧。另外两个相对时期较近,其中之一是人类主义和超人类主义之间的分歧,此分歧反映了现代性思想的内部矛盾;另一个是人类主义和后人类主义之间的分歧,这一分歧试图突破现代性的范畴。

要更好地理解关于人工智能和人类的纷争,第一种方法就是了解启蒙运动与浪漫主义在现代性中的矛盾。在18世纪和19世纪,启蒙思想家和科学家挑战传统的宗教观点,认为理性、怀疑精神和科学将向我们展示人类和世界的本来面目,反对毫无论据支持、毫无证据支撑的宗教迷信。他们对科学能够造福人类持乐观态度。反之,浪漫主义者认为,抽象理性和现代科学已经让这个世界不再抱有幻想,我们需要恢复科学想要消除的神秘和奇迹。纵观围绕人工智能展开的争论,我们似乎还停留在以上这种分歧的层面难进寸步。丹尼特关于意识的研究,博登关于创造力的研究,都是试图通过解释消除这种分歧,正如丹尼特所说的是为了"打破魔咒"。这些思想家乐观地认为,科学可以解开意识、创造力等的奥秘。他们反对那些抵制人类觉醒的人,比如信奉后现代主义传统、强调人类奥秘的欧洲哲学家——换句话说,就是新浪漫主义者。"是打破魔咒,还是坚守人类的神秘感?"这似乎是关于通用人工智能及其未来的讨论中的一个关键问题。

　　第二个分歧存在于人类主义和超人类主义之间。什么是"人",人应该变成什么? 我们是应该捍卫人类本身,还是应该修正我们对人类的定义? 人类主义选择前者。从伦理上讲,他们看重人内在的、卓越的价值。关于人工智能,他们认为人权和人类尊严是人工智能伦理基础,认为人类及其价值观在人工智能的未来和发展中占据中心地位。在围绕人工智能展开的大讨论中,他们的观点贯穿始终,有迹可循。在这里,人类主义常常与启蒙思想相结合。但它也可以采取更保守或更浪漫的形式。在反对超人类主义思潮的过程中也能看到人类主义的身影。超人类主义认为,人类应该通过科学技术改造成为新型人类;而人类主义则捍卫人类本身,强调人的价值和尊严,认为超人类主义科学和哲学已经对人类的价值和尊严形成了威胁。

　　对新技术的防范思想古来有之。在人文和社会科学领域,对技术常有批判之声,认为技术对人类和社会造成了威胁。如许多20世纪的哲学家就对科学持悲观态度,警告人类不要让技术主宰社会。但现在,这场纷争不仅关乎人类生活和社会,更关乎人类自身:是强化,还是不强化? 这是一个问题! 强化,人类自身就成为一个科学项目,一旦生物进化论、神经科学和人工智能打破了人类的魔咒,我们就可以在人工智能的辅助下不断升级改造。不强化,是因为我们应该接纳人类自身的本来样子。但也有人认为,人类本来的样子到底如何,无从得知,科学亦不可解。

　　在这场争议中,这种思想冲突不断分化人们的看法和观点。

我们能看清并跳出这种冲突吗？现实社会的实践中，人们可以放弃创造类人型人工智能这一目标，但即便如此，作为应用在人工智能领域内的拟人模型，人工智能的地位依然存有争议。人工智能真的能教给我们人类是如何思考的吗？还是只会教给我们一种特定的思维方式，比如，数学形式化思维，或者控制思维、操纵思维？我们能从这些事关人类的技术中学到多少？跟科学比起来，人性更容易掌控吗？即使在比较温和的讨论中，也依然存在着关于现代性不同思想的矛盾。

要想打破僵局，过去 50 年来人文和社会科学领域中的非现代思维方式的研究可以提供助力。布鲁诺·拉图尔（Bruno Latour）、蒂姆·英戈尔德（Tim Ingold）等人已经表明，接纳二元论中的少数理论、接纳多种非现代派思想，能够缓和启蒙思想与浪漫主义之间的对立。不考虑现代科学或超人类主义思想，这两者不承认人类和机器是根本对立的，我们还可以借用（后）人类主义的观点来尝试弥补人类和非人类之间的现代鸿沟。这就引出了第三个分歧：人类主义和后人类主义之间的分歧。后人类主义者指责人类主义者以人类具有最高价值为名对动物等非人类物种实施暴力，并质疑人类在现代本体论和伦理学中的中心地位。后人类主义者认为，非人类物种也很重要，我们不应该害怕跨越人类和非人类之间的边界。这是一个有趣的探索方向，这个方向可以让我们跳出人类和机器竞争性的关系。

唐娜·哈拉维（Donna Haraway）等后人类主义者提出，人类与机器共存，甚至与机器融合，这既不是人类主义所认为的威胁或者未来地狱，也不是超人类主义者所期待的未来天堂，而是人类和非人类可以而且应该跨越本体边界和政治界限的方式。由此,人工智能不再是超人类主义的组成部分,而是一个重要的后人类主义研究课题,该课题以人文和艺术的角度展开非科学性质的研究。这种边界的跨越不再是启蒙运动中的超人类主义者所倡导的形式,不再是以科学和世界进步为名,而是以后人类主义的政治和意识形态为名义进行的边界跨越。后人类主义思想还能为人工智能的研发提供其他研究视角,这让我们认识到:非人类物种不需要与我们相似,也不应该被造得与我们相似。在这种后人类主义思想的支持下,人工智能似乎可以摆脱模仿或重塑人类的负担,进而可以对多样性的非人类物种、智能、创造力等进行探索。人工智能不再需要按照人类的形象进行设计。这个思想的进步意味着超越人类自身,敞开心扉接纳非人类物种,不拘一格师夷长技。此外,超人类主义者和后人类主义者都同意,与其与人工智能竞争某一特定任务,我们还不如设定一个共同的目标,然后通过合作和动员最优秀的人类和人工智能体共同协作,就能更快地实现这个共同目标。

另一种非竞争性的思维方式与后人类主义思想相似,在技术哲学中被称作后现象学思维方法。德雷福斯借鉴了现象学理论,特别是来自海德格尔的著作中的理论。由哲学家唐·伊德(Don Ihde)发起的后现象学思潮是对海德格尔的技术现象学的超越,专注于人类与特定的技术之间的关系,尤其是与材料人工制品之间的关系。这种方法经常配合科学技术研究,让我们认识到人工智能的物质构成。在大众的印象里,人工智能是抽象的、形式化的,与特定材料人工制品和基础设施无关。但实际上,上文所提

到的所有形式化、抽象化以及符号化操作，都依赖于物质工具和物理基础设施。例如，我们将在下一章中看到，当代人工智能严重依赖网络和电子设备产生的大量数据。这些网络和设备不是"虚拟的"，而是需要不断进行设备生产，不断保养维护的。此外，彼得-保罗·维贝克（Peter-Paul Verbeek）等后现象学家秉持非主客二分的观点，认为人与技术、主体与客体是相辅相成的。他们并不将技术视为威胁，而是强调人类也是具有技术特性的（也就是说，我们一直在使用技术，技术是人类存在的一部分，而不是威胁我们存在的外部事物），技术还能调节我们与世界的关系。对于人工智能而言，这个观点似乎暗示着，人类主义发起的保护人类免受技术侵害的争端是错误的。而且，由于人类一直都是具有技术特性的，我们更应该了解人工智能如何调解人类与世界的关系，并积极促成和解，我们应该在人工智能发展阶段讨论伦理学问题，而不是事后抱怨它造成的问题。

然而，人们可能会担心，后人类主义和后现象学的想法过于乐观，脱离科学和工程实践，对人工智能带来的风险、伦理问题和社会后果不够敏锐，因此无法成为核心思想。当然，突破未越之界限，并非一帆风顺。实践中，这种后人类主义和后现象学思想可能对人工智能等技术的控制以及研发帮助甚微。但是，就算不采用后人类主义，人们也可以选择一种更传统的人类观，或者呼吁产生新的人类主义。故此，相关争议涛声依旧。

第 4 章

只是机器吗?

人工智能"只是一台机器"吗? 是否值得考虑它的道德问题? 我们是否应该将它和烤面包机或洗衣机区别对待?

道德不是简单的对规则的遵循,也不完全是人类的情感的介质,但人类情感很可能是道德评判不可或缺的因素。如果通用人工智能真会出现,我们可不希望它理性十足,却情感缺失,不希望它是对人类的关注点漠然处之的"病态人工智能"。

通过这种关联的、批判的、非对话的方式,人工智能的地位将由人类来赋予,并取决于它们将如何融入人类的社会生活、语言和文化中。

人工智能的道德地位之问：道德主体抑或道德承受体？

上一章提到了一个问题，非人类物种是否也很重要。当前，许多人认为，从道德角度上看，动物当然重要。然而事实上人们并没有认识到这种重要性。显然，过去我们对动物的看法是错误的。那么我们认为人工智能只是机器的观点，是否也犯了同样的错误？超级智能人工智能是否应该拥有一定的道德地位？人类是否应该赋予它们权利？还是说考虑这个问题本身就是一个危险的想法？

探讨人工智能的性质与未来，方式之一就是研究人工智能的道德地位。在这里，我们不是通过形而上学、认识论或思想史来探讨与人工智能有关的哲学问题，而是通过道德哲学。道德地位（有时也被称为道德身份）一词对人工智能来说有两层含义。

第一个是从道德角度上看，人工智能能够做什么。换句话说，人工智能是否具有哲学家所说的道德主体性？如果是，它能否成为一个完全意义上的道德主体？人工智能道德主体意味着什么？如今，人工智能的行为似乎已经产生了道德后果。但大多数汽车也能产生道德后果，从这个意义上讲，人工智能的道德主体性较弱。但考虑到人工智能日益智能化、自主化，它的道德主体性也会变得越来越强吗? 我们应该赋予它道德推理、判断和决策的能力吗? 或者它会自主开发出这些能力吗? 例如,人工智能驱动的自动驾驶汽车是否可以和是否应该被视为道德主体? 这些问题事关人工智能伦理,从一定意义上说,事关人工智能拥有或应该具备什么样的道德能力。其实,人工智能"道德地位"如何,取决于我们如何看待人工智能。人工智能"只是一台机器"吗? 是否值得考虑它的道德问题? 我们是否应该将它和烤面包机或洗衣机区别对待? 如果有朝一日,我们研发出一种高度智能的人造实体,尽管它不是人类,我们该不该赋予它权利? 这就是哲学家们所说的道德承受体问题。这个问题考虑的并不是人工智能该遵循什么样的道德规范,而是我们对人工智能该持有什么样的道德观点。在本书中,人工智能是伦理学关注的对象,并不是潜在的伦理本体。

道德主体

我们先来讨论道德主体。如果人工智能的智能日益精进,那么它终会拥有道德推理能力,甚至能学会人类解决道德问题的方式。但是,这是否能说明人工智能是具有完全意义的道德主体,或者说,是像人一样的道德主体? 这个问题并非无中生有。如前文提到的汽车和法院依赖算法的例子,我们现今已经将决策权的一部分交给了某些算法。如果这些决策道德观正确,似乎事有可为。然而,目前我们尚不清楚机器是否具有与人类相同的道德能力。从某种意义上说,它们被赋予了在这个世界上行事的主体地

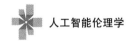

位,这些行为产生了道德结果。

例如,一辆自动驾驶汽车可能会发生交通事故,或者人工智能可能会建议将某个人判刑入狱。这些行为和选择不是道德中立的,很显然对相关人员产生了道德后果。但要解决这个道德后果,应该赋予人工智能一定的道德主体地位吗?它们能具备完全的道德主体能力吗?

在这些问题上,人们的哲学立场迥然不同。有人认为机器根本不能成为道德主体。他们认为,机器不具备精神状态、情感或自由意志等道德主体所需的能力。因此,认为人工智能可以做出合理的道德决定,并将这些道德决定权完全交给人工智能的观点危险之至。例如,德博拉·约翰逊(Deborah Johnson,2006)认为计算机系统本身没有道德行为主体能力:它们由人类生产,供人类使用,只有人类才有自由、有能力行使道德上的行为和决策能力。同样,也可以认为,人工智能是由人类创造的,应该由人类在技术实践中做出道德决策。也有人认为机器可以像人类一样拥有完全道德主体地位。例如,米歇尔(Michael)和苏珊·安德森(Susan Anderson)等研究人员认为,从原则上讲,赋予机器和人类一样的道德权是可能的,也是可取的(2001)。我们可以为人工智能编写道德规则程序,在道德推理方面机器可能比人类做得更好,因为机器更加理性,不会被情绪左右。反对意见认为,不同的道德规则有时会自相矛盾(比如,在阿西莫夫的机器人故事中,机器人按道德规则行事却总是给人类和机器人带来无休止的麻烦),所以说靠道德规则来创建"道德机器",是对道德本质的一种错误理解。道德不是简单的对规则的遵循,也不完全是人类的情感的介质,但人类情感很可能是道德评判不可或缺的因素。如果通用人工智能真会出现,我们可不希望它理性十足,却情感缺失,不希望它是对人类的关注点漠然处之的"病态人工智能"(Coeckerbergh,2010)。

出于这些原因,我们可以拒绝赋予人工智能完全道德主体权,也可以采取中庸方式,赋予它们部分道德主体权。对此,温德尔·瓦拉赫(Wendell Wallach)与科林·艾伦(Colin Allen)使用了"功能性道德"一词(2009:39)。人工智能系统需要具有评估其行为道德后果的能力。自动驾驶汽车的应用就能明确说明这一需求:在人类来不及做出决定的危急时刻,汽车需要在某些情况发生时能做出一定的道德选择。有时,这些道德选择会陷入进退两难的境地。如哲学家们谈论的电车困境,它是以一个思想实验命名的。在这个实验中,五个无辜的人被绑在电车轨道上,一辆失控的电车朝他们驶来。你可以什么都不做,这会导致被绑在轨道上的五个人死亡;你也可以拉动一根控制杆,让电车开到另一条轨道上,但那里也有一个你认识的人被绑在轨道上。在道德层面,正确做法是什么? 支持给予人工智能道德选择权利的人认为,自动驾驶汽车必须在某些情况下做出道德选择,比如,撞死过马路的行人,还是应该不顾司机的性命撞向墙壁? 自动驾驶汽车到底该如何选择? 看来,我们必须提前做好这些道德选择,再由研发人员将运载程序安装在汽车上。或者,我们也可以研制出能够学习人类如何做出选择的人工智能汽车。然而,有人可能会质疑,给人工智能设置规则,以此方式呈现人类道德是否合适? 道德是否能够被"呈现"和再现,电车困境是否把握了道德生活和道德经验的核心？或者换一个完全不同的视角，人们可能会问，人类是否真的善于做出道德选择。为什么一定要模仿人类的道德方式呢？例如，超人类主义者可能就认为，人工智能将拥有更高的道德标准，因其智能远超人类。

这种质疑直指人类中心论，衍生了一个截然不同的观点，该观点偏离人类中心的伦理观，认为人工智能根本不需要具有完全的道德主体地位。卢西亚诺·弗洛里迪和 J. W. 桑德斯（J. W. Sanders）（2004）主张无意识的道德观，这种道德观的建立不以人类特征为前提，而是建立在充分互动性、自主性和适应性的基础上，建立在符合道德标准的行为方式上。依据这些标准，搜救犬是道德主体，过滤垃圾电子邮件的人工智能网络机器人也是道德主体。同理，衡量机器人的道德主体性可以采用非人类中心标准。约翰·萨林斯（John Sullins, 2006）提出，如果人工智能实现了脱离程序员意志的自主性，就可以用道德意图来阐释它的行为（比如行善或作恶的意图），如果人工智能表现出对其他道德主体责任的理解力，那么它就成为一个道德主体。因此，如果道德主体指的是人类，那么人工智能的确不需要这样的道德主体地位，而是需要一个道德主体的全新定义，这个定义不以人类为完全道德主体，也不以人类道德能力为标准。然而，如果按照人类的道德标准来评判，这种人工的道德主体地位能够立得住吗？实际一点来说，自动驾驶汽车可能就不够道德。我们也有原则性的困扰，以上所说是否过于偏离人类道德？道德主体性是而且应该是与人性和人格紧密相关的。人们不倾向于认可后人类主义或超人类主义的观点。

道德承受性

　　另一个争议事关人工智能道德承受性。想象一下，如果我们有一个超级人工智能，把它关掉、"杀死"它，在道德上可以接受吗？即便对现有的人工智能，踢一只人工智能机器狗是否道德？① 正如许多研究人员预测的那样，人工智能将成为人们日常生活的一部分，这样的事例会比比皆是，那时人类将如何面对这些人工实体？

　　当然，我们也不需要展望那么遥远的未来，或者代入科幻小说。研究表明，如今人们已经对机器人产生了同理心，即使这些机器人还不具备人工智能，"杀死"或"折磨"它们也是于心不忍（Suzuki, et al., 2015；Darling, Nandy, and Breazeal, 2015）。人类似乎不需要什么人工动因，就可以将人格或人性投射到机器人身上，并对他们产生同理心。如果这些机器人现在拥有了人工智能，它们就会更像人（或动物），这也让解决道德承受性的相关问题更加紧迫。例如，我们应该如何看待那些对人工智能怀有同理心的人？他们错了吗？最直接的观点是：人工智能只是机器，对这些机器有同理心的人在判断、情感和道德体验上都出现了误区。乍一看，我们似乎不欠机器什么。它们是东西，不是人。许多人工智能研究人员也秉持着这样的思想。例如，乔安

---

① 机器狗 Spot 是一个真实的例子。出于测试的目的，研发人员踢了它一脚，结果产生的同理心效应，令人惊诧不已。https://www.youtube.com/watch? v = aR5Z6AoMh6U.

娜·布赖森认为机器人是工具和财产，人类对其毫无义务（Bryson，2010）。持有这一观点的人很可能会同意，如果人工智能有意识、有精神状态等，我们将不得不赋予它们道德地位。但他们认为，这种情况目前还没有实现。正如我们在前几章中所谈到的，一些人认为这种智能水平永远也无法实现；也有人认为即便原则上可以实现，但应该不会很快实现。关于道德地位争论的最终结果是，在今天和不久的将来，人工智能都只能被视为物品，除非另有突破。然而，这一观点的问题是，它既不能解释也不能证明"虐待"人工智能这一道德直觉和道德经验是错误的，即使人工智能不具有人类或动物的特性，如意识或知觉。其实要证明这种做法是错误的，可以在康德的理论中找到合理的论证。康德认为射杀一条狗是错误的，不是因为射杀一条狗违背了对狗的义务，而是因为这样的行为"损害了人自身善良和人道的品质，而这些品质是他在履行对人类的职责时应该具备的"（Kant，1997）。现今，我们对狗的态度已经大有改观（尽管不是所有人、所有地方都如此）。但这一观点似乎也适用于人工智能：我们不亏欠人工智能，但也不应该踢或"折磨"人工智能，因为这样的做法会使人物伤其类。美德伦理学的观点也可以用来佐证这一做法，美德伦理学的研究对象是人，与人工智能毫无关系，因此也只能算作一个间接的佐证。"虐待"人工智能的做法不正确，原因不在于对人工智能造成了伤害，而在于这种做法会败坏我们自身的道德品质，使我们无法成为更好的人。反对这种虐待做法，还因为，在未来，一些人工智能可能会具有感知等能力，会显示出其固有的价值，值得我们在道德层面给予更多的关注。以上康德的责任观和美德伦理学观点似乎都并不关注道德关系的"另一方",只关注人类。那人工智能那一方呢? 大卫·贡克尔(David Gunkel,2018)曾问道:人工智能或机器人能成为"其他人"吗? 常识似乎再一次告诉我们:不能,因为人工智能不具备成为"其他人"所需的属性。

另一个截然不同的视角认为,我们质疑道德地位的方式是有问题的。通常情况下,对道德地位进行道德推理是基于道德实体具有相关属性——例如意识或知觉。但是我们如何知道人工智能是否真的具有特定的道德属性? 作为人类,我们是否能够确定它具有这种属性? 怀疑论者认为,我们并不确定。然而,即使没有这种认识论上的确定性,人类共有的外貌也是我们拥有道德地位的原因。如果未来人工智能具有类似人类的外貌和行为,我们也会同样赋予它们道德地位。由此看来,无论哲学家对道德正确性如何定义,人类都会给予这些机器一定的道德地位,比如赋予它们权利。此外,如果我们对人类确定道德地位的实际方式观察入微,就会发现,现有的社会关系和语言作用甚大。例如,我们善待我们的猫,不是因为我们对我们的猫进行了道德推理,而是因为我们和它有了一种社会关系。在我们进行赋予道德地位的哲学思考之前(如果我们觉得这种哲学思考有必要的话),我们就已经把猫当成了宠物和伴侣。当我们给宠物狗取名字的时候——与作为食物的无名动物相比——我们就已经赋予了它一种特殊的道德地位,这种道德地位与狗的客观属性无关。同理,我们可以认为,通过这种关联的、批判的、非对话的方式(Coeckelbergh,2012),人工智能的地位将由人类来赋予,并取决于它们将如何融入人类的社会生活、语言和文化中。

此外，这些取决条件会随时间的推移应时而变，回想一下我们过去是如何对待和看待动物的，也许我们需要做一些道德防范，然后再总体上"确定"人工智能或某种人工智能的道德地位。但是为什么要笼统地或抽象地谈论人工智能呢？确定道德地位的过程似乎问题重重，为了做出准确判断，我们使判断对象剥离各种关系环境，把它作为人类这个高级法官的审判对象，以高等级、高姿态、霸权视角，确定道德程序推演的结果。其实在我们对人工智能的道德地位进行实际推理之前，我们已经将它定位为决策的对象，将我们自己设定为举足轻重、力量强大、无所不知的神，拥有赋予其他实体道德地位的权利，这也是一种暴力施加。我们无视各种情景环境、社会环境和背景条件。如在电车困境这个案例中，使道德选择沦落为滑稽的表达。以这种逻辑，道德哲学家们重蹈覆辙，走上了符号人工智能研究者的老路，以忽略人性为代价，冒着提出非人类实体道德地位问题的风险，将丰富的道德经验和知识形式化、抽象化。而这恰恰是德雷福斯派的现象学哲学家指责符号人工智能研究者的地方。

不管人工智能的实际道德地位最终是什么，这个问题似乎可以完全不依赖于人类的主观态度来确定，通过这个问题，我们有必要批判性地审视我们自己的道德态度和抽象的道德推理过程。

更实际的伦理问题

本章和前一章的内容表明，对人工智能进行思考，能让我们了解人工智能，同时深省自身，学习思考之道、践行之道、与非人类实体相处之道。若我们深入探究人工智能伦理的哲学基础,会发现关于人性、科学和现代性的本质与未来的观念已经出现了深刻的分歧。对人工智能的讨论,开启了批判人类知识、人类社会和人类道德本质的深渊之门。

这些哲学讨论并不像人们想象的那么"遥不可及"或"学术腔"。在本书的后面部分,当我们对人工智能引发的伦理、法律和政策等更具体问题深入探讨时,这些哲学讨论还会继续浮出水面。想解决诸如道德责任、自动驾驶汽车、机器学习的透明性、带有偏见的人工智能或性机器人的伦理等问题,这些哲学讨论就避无可避。如果人工智能伦理学想研究的不只是诸多争议,它应该对这些哲学讨论也要探讨一二。

话题至此,现在是关注更实际的问题的时候了。这些问题既不涉及想象中的通用人工智能所引发的哲学问题,也不涉及遥远未来的超级智能所带来的风险,更不涉及科幻小说中奇形怪状的怪物。它们是关于已经存在的人工智能的那些不引人注目却非常重要的现实问题。人工智能已经粉墨登场,它扮演的角色,既非弗兰肯斯坦的怪物,也非处处威胁人类文明的奇形怪状的机器人,甚至并非是一个哲学思维实验。人工智能是指那些塑造现代生活的技术,它们不引人注目,深藏功名,但却无处不在,功能强大,日益智能。因此,人工智能伦理是关于当前和不远的将来人工智能所带来的伦理挑战,以及人工智能的出现对社会、对国家的影响。人工智能伦理学与人们的生活息息相关,也与政策的制定联系密切。这门学科关注人类和社会群体目前处理伦理问题的需求。

第 5 章

技　术

谁能掌握这项技术并获益良多？谁能通过使用
人工智能来增强自身的能力？谁又将一无所获？

不容忽视的是，社交媒体平台、搜索引擎和其他
媒体技术都是人工智能驱动的，人工智能早已全
面渗透进我们日常生活。

要想深入探讨更详细、更具体的人工智能伦理问题,就需要清出研讨场地,跳出人工智能的喧嚣热议,了解人工智能技术及其应用情况。撇开超人类主义的科幻小说和关于通用人工智能的哲学思辨不谈,让我们来了解人工智能技术及其目前技术的发展。由于人工智能和其他术语的定义本身就存在争议,我不会太深入地探讨哲学讨论与历史背景。我的主要目的是让读者了解相关的人工智能技术及其应用。本章我们对人工智能技术进行概述,下一章会重点介绍机器学习、数据科学及这两门技术的应用。

什么是人工智能?

人工智能可以被定义为通过代码(算法)或机器进行显示或模拟的智能。人工智能的定义过程引出了另一个问题,即如何定义智能。从哲学上讲,这是一个模糊的概念。与此相比还有类人智能的说法。例如,菲利普·詹森(Philip Jansen)等人将人工智能定义为"具有人类智能标准的智能能力的机器科学与工程"(2018:5)。从这个定义看,人工智能就是创造像人类一样思考或行动(反应)的智能机器。然而,许多人工智能研究人员认为,智能不必像人类一样,他们倾向于给人工智能下一个更加中立的定义,这个定义所用的术语,不取自人类智能、通用人工智能或强人工智能的相关表达。他们列举了各种各样的认知功能和任务，如学习、感知、计划、自然语言处理、推理、决策和问题解决等，"问题解决"这一表达常常等同于智力一词。例如，玛格丽特·博登认为，人工智能"试图让计算机复制大脑功能"。起初，这让人觉得人类是唯一的模仿目标。然而，她接着列举了各种心理技能，如感知、预测和计划等，这些技能都是"结构丰富的空间中各种信息处理能力"之一（2016：1）。这种信息处理能力并不完全独属于人类。博登认为，通用智能不一定是人类智能，有些动物智力也很高。超人类主义者梦想着未来的大脑功能不再具有生物特征。但实际上，人工智能的目标之一从一开始就是实现类人能力和类人智力。

人工智能的历史与计算机科学以及数学和哲学等相关学科的历史密切相关。即便不将古代考虑在内，至少可以追溯到近代早期，如戈特弗里德·威廉·莱布尼茨（Gottfried Wilhelm Leibniz）和勒内·笛卡尔。而且在古代，就流传着工匠们制造人造生命的传说，和几可乱真的精巧机械装置的故事（比如古希腊的能活动的机巧或中国古代的人形机械模型）。

但作为一门学科，人工智能通常被认为始于 20 世纪 50 年代，在 20 世纪 40 年代可编程数字计算机的发明和控制论学科的诞生之后。1948 年，诺伯特·维纳（Norbert Wiener）将控制论定义为"动物和机器之间的控制和交流"的科学研究（Wiener，1948）。

人工智能历史上的一个重要时刻是 1950 年艾伦·图灵（Alan Turing）在《思维》杂志上发表论文《计算机器与智能》，该

论文介绍了著名的图灵测试,从更广泛的角度探讨了机器是否会思考这个问题,并且已经推测机器可以学习并完成抽象任务。

1956 年夏天在新罕布什尔州汉诺威举行的达特茅斯研讨会通常被认为是当代人工智能的发源地。会议组织者约翰·麦卡锡(John McCarthy)提出了"人工智能"这个词,与会者还有马文·明斯基(Marvin Minsky)、克劳德·香农(Claude Shannon)、艾伦·纽厄尔(Allen Newell)和赫伯特·西蒙(Herbert Simon)等人。

鉴于控制论被认为忙于模拟机器研究,而在达特茅斯研讨会上,人工智能转而倾向于数字机器研究,希望通过数字机器模拟人类智能(这不是再造,这个过程与人类机制不同)。许多与会者认为,与人类一样聪明的机器即将问世,他们预计只需要一代人的时间。

拥有人类一样的智能是强人工智能的研制目标。强人工智能或通用人工智能能够执行人类才可以执行的认知任务,而弱人工智能或狭义人工智能只能执行特定领域的任务,如国际象棋、图像分类等。到今天为止,我们还没有研发出通用人工智能,而且正如前几章中所讨论的,人们对是否愿意研发这样的智能尚且存疑。尽管一些研究人员与研发公司,尤其是推崇心智计算理论的人,正在努力研制人工智能,但通用人工智能的出现仍旧未见端倪。因此,下一章中的伦理和政策问题的重点,将围绕弱人工智能或狭义人工智能展开,毕竟这种智能已经开发出来,在不久的将来,它可能会日渐功能强大、普及万户。

人工智能既是一门科学,也是一项技术。它的目的是要对智

能和认知功能做出更好的科学解释。它可以帮助我们更好地了
解人类和其他拥有自然智能的生物。从这个意义上说，它是一门
科学，是一门系统地研究智能现象、思维和大脑的学科（Jansen，
et al.，2018）。因此，人工智能与认知科学、心理学、数据科学等
其他学科息息相关（见下文），有时也与对自然智能有自己独特见
解的神经科学有交叉。但人工智能也可以致力于开发用于各种
实际目的的技术，即博登所说的"做有用之事"。它可以以实际用
途为研发目的，由人类设计，以智能之貌和智能之为，行工具之
事。人工智能可以通过分析环境（以数据的形式）和具有高度自
主性的行动来做到这一点。有时，对科学理论的研究兴趣与技术
的目标会达成统一，例如，计算神经科学使用计算机科学领域的
工具来研究神经系统；还有欧盟"人脑项目"①这一特定的项目
中，既应用神经科学，同时也涉及机器人和人工智能技术；有些分
支项目，如人们所说的大数据神经学，融合了神经科学和机器学
习（例如，Vu，et al.，2018）。

　　一般来说，人工智能的研究要依靠许多学科，并与其形成交
叉，这些学科包括数学（比如统计学）、工程学、语言学、认知科学、
计算机科学、心理学，甚至哲学。正如我们所见，哲学家和人工智
能研究人员都对探究智力、意识、感知、行动和创造力等思维形式
和现象兴趣盎然。人工智能对哲学产生了影响，反之亦然。基
思·弗兰基什（Keith Frankish）和威廉·拉姆齐（William
Ramsey）承认人工智能与哲学的关系，强调人工智能的跨学科

---

① 参见 https://www.humanbrainproject.eu/en/.

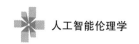

性。他们在人工智能的定义中,融合了科学与技术两个层面的因素,认为人工智能是"一种通过运用各种计算、数学、逻辑、机械甚至生物原理和装置等方式,对智能和认知过程进行理解、建模和复制的跨学科方法"(2014:1)。

因此,人工智能既有理论性,又有实用性,既有科学性,又有技术性。本书从更实用的角度,聚焦人工智能的技术性,不仅因为人工智能领域的研究关注点已经转向技术层面,更因为人工智能主要是在技术层面产生伦理和社会后果的,尽管科学研究也不是完全伦理中立的。

作为一项技术,人工智能出现的形式多种多样。它可以嵌入综合技术系统,如嵌入算法、机器、机器人等之中。因此,虽然人工智能可能是关于"机器"的研究,但实际上"机器"一词不单指机器人,更不单指人形机器人。人工智能可以应用于许多其他类型的技术系统和设备之中。人工智能系统既可以以软件的形式运行在网络上(如聊天机器人、搜索引擎、图像分析器),也可以嵌入机器人、汽车或"物联网"应用程序等硬件设备中。[1] 在互联网领域中,"信息物理系统"(cyber-physical systems)一词多指在物理世界中运行并与之交互的设备。机器人就是一种直接对世界产生影响的信息物理系统(Lin、Abney and Bekey,2011)。

嵌入机器人中的人工智能,有时也会被称为"具身人工智能"。在对物理世界产生直接影响的过程中,机器人技术极度依赖物理组件。同时,任何人工智能,包括网络上常用的软件,实现

---

[1] 例如,参见欧盟委员会人工智能高级专家组(2018)对人工智能的定义。

功能都需要物质载体,比如运行软件所需的计算机、网络和基础设施等。这就产生了"虚拟"应用程序和"软件"应用程序之间、物理应用程序和"硬件"应用程序之间的区别。人工智能软件需要硬件和物理基础设施才能运行,而只有连接到相关软件的信息物理系统才是"人工智能"。此外,从现象学上来说,硬件和软件有时会在我们体验设备和使用设备的时候融为一体,我们现今使用的不是由人工智能驱动的交互式仿人机器人,也不是像亚力克萨(Alexa)这样的既属硬件也属软件的人工智能对话系统,而是一种技术装置(有时是一种如智能芭比娃娃的模拟人设备)。

自然语言处理进展快速,模仿人类交流的技术日趋成熟,在这个发展过程中人工智能可能会对机器人技术产生重大影响。这些机器人通常被称为"社交机器人",被设计成人类的同伴或助手,通过与人类自然互动的方式,参与人类的日常社会生活。因此,人工智能可以促进社交机器人技术的进一步发展。

然而,无论整个系统的外观如何、行为如何,对周边环境的影响如何(这三者在现象学和伦理学上具有重要意义),人工智能的"智能"基础都是软件:一种算法或算法组合。算法是一组指令和指令序列,就像配方说明一样,给计算机、智能手机、机器、机器人或任何嵌入人工智能的设备提供指令,指导它根据可用的输入信息产生特定的输出信息。其根本功能是解决问题。要理解人工智能伦理学,就必须了解人工智能算法的运行方式和实现的功能。我将在本章和下一章对此进行详细阐述。

不同的路径和子域

人工智能种类繁多。也可以说有不同的研究方法或研究范式。正如德雷福斯的评论所指出的,历史上的人工智能通常是符号人工智能。在 20 世纪 80 年代末之前,这一直都是主导研究范式。符号人工智能依赖于抽象推理和决策等高级认知任务的符号表征。例如,人工智能可以通过"决策树"算法进行决策,此模型可以展示决策内容及其可能出现的后果,通常以流程图的形式表示。该算法包含条件语句:决策规则的形式是如果……(条件)那么……(结果)。该过程为确定性表达。借助于代表人类专家知识的数据库,这种人工智能可以通过大量信息进行推理,并形成专家系统。这个系统可以根据庞大的知识体系做出专业的决定或建议。这个知识体系涵盖人类难以通读、无法全部掌握的知识。例如,在医疗部门,专家系统可以做出诊断和治疗规划。在很长一段时间里,专家系统都是最成功的人工智能软件。

直到今天,符号人工智能仍然有用武之地,不过,新型人工智能业已出现,与符号人工智能结合的可能性尚在五五之数。与专家系统相比,新型人工智能可以基于数据进行自主学习,运行方式也截然不同。20 世纪 80 年代发展起来的研究范式——连接主义(connectionism),可以用来替代有效的老式人工智能(GOFAI),而神经网络技术是基于这样一种想法:无须体现更高的认知功能,我们只需以简单单元为单位建立互联网络。该技术的支持者认为,这与人脑的工作原理相似。简单的数据处理单元之间进行相互作用,产生了认知,即"神经元"(与生物神经元不同),许多相互连接的神经元再相互作用。这种方法和技术经常被用于机器学习(见下一章),如果神经网络有多层神经元,可定义为深度学习。有些系统是混合型的,如深度思考公司开发的人工智能程序阿尔法狗。深度学习促进了机器视觉和自然语言处理等领域的发展。利用神经网络进行的机器学习类似一个"黑匣子",因为只有程序员了解这个网络的体系结构,其他人对它的中间层(输入和输出之间)的运行机制、决策的形成过程一无所知。比较来看,决策树更加透明,清晰易懂,人类可以对其进行核查与评估。

人工智能的另一个重要范式是使用更具体化和情境化的方法,专注于行为任务和交互,而不是所谓的高级认知任务。由麻省理工学院的罗德尼·布鲁克斯(Rodney Brooks)等人工智能研究人员研制的机器人,并没有使用符号机制,而是通过与周围环境的交互来解决问题。例如,布鲁克斯在 20 世纪 90 年代开发的类人机器人 Cog 就像孩童一样,通过与世界互动来进行学习。此外,有些人认为只有生命形式才能产生思维。因此,创造人工智能,我们就是在尝试创造人工生命。一些工程师采取了一种不那么形而上的、更实用的方法,他们把生物学作为开发实用技术应用的参考。人工智能可以逐级持续进化,应用遗传算法的程序甚至可以让人工智能改头换面。

人工智能在方法和功能上的多样性也意味着今天的人工智能有各种各样的子领域。如机器学习、计算机视觉、自然语言处理、专家系统、演化算法等。如今,人们关注的焦点往往是机器学习,但这只是人工智能的一个领域,即使其他领域往往与机器学习息息相关。近年来,在计算机视觉、自然语言处理和基于机器学习的大数据分析等方面取得了巨大进展。例如,对语音和书面材料(如互联网上的文本)进行分析后,机器学习可完成自然语言的处理,这项技术成就了今天的网络虚拟对话软件。另一项用于监控的人脸识别技术,也是基于计算机视觉和深度学习开发出来的。

应用和影响

人工智能技术可以应用于不同领域(它有各种应用形式),从工业制造、农业、交通到医疗保健、金融、营销、性和娱乐、教育以及社交媒体。在互联网零售和营销领域,推荐引擎或推荐系统能够影响消费者的购买决定,能够投放有针对性的广告。在社交媒体中,人工智能可以模拟真人账号,让虚拟账号看起来逼真无比。这类机器人可以发布政治信息,还可以与人类用户聊天。在医疗保健领域,人工智能也起到举足轻重的作用,它可以通过专家系统对数百万患者的数据进行分析。在金融领域,人工智能被用来分析大数据集,由此进行市场分析、形成自动化交易。伴侣机器人通常包括一些人工智能。自动驾驶仪和自动驾驶汽车也都可见人工智能的应用。雇主利用人工智能监管员工。视频游戏利用人工智能驱动游戏角色扮演。人工智能可以创作音乐、撰写新闻文章、模仿人类的声音,甚至还能制作虚假的演讲视频。

　　人工智能应用领域众多,很可能对现在和不久的将来,都将产生普遍而深远的影响。犯罪预测系统和语音识别提升了安全和监管力度,点对点运输和自动驾驶汽车将使城市面貌焕然一新,高频算法交易重塑了金融市场,医疗部门的智能诊断系统为专家提供诊断参考。我们也不应忘记,人工智能影响的主要领域之一就是科学研究:通过对大数据集的分析,人工智能可以帮助科学家发现他们可能忽略的信息点。这不仅适用于物理学等自然科学,也适用于社会科学和人文科学。人工智能还影响了数字人文学科这一新兴领域,比如,教会我们更多关于人类和人类社会的知识。

　　人工智能还对社会关系以及更广泛的社会、经济和环境产生影响。(Jansen, et al., 2018)人工智能也很可能会重塑人类交流方式、挑战隐私权利,这在一定程度上会加深偏见、恶化歧视。据预测,人工智能的出现会导致失业加剧,甚至有可能改变整个经济模式。它可能会加大贫富之间、强弱之间的差距,从而使不公正和不平等的现象进一步恶化。当自动致命武器投入军事使用,战争的方式也将随之改变。人工智能对环境的影响也不容忽视,如出现的能源消耗和污染的加剧等现象。关于这一点,我将在后面的章节中详细说明,进一步讨论其伦理和社会影响,阐述其产生的问题和风险。但人工智也能产生积极影响,例如,它可以通过社交媒体创建新的社区;通过让机器人接管来减少重复性的和危险的任务;还可以应用人工智能来改善供应链,降低用水量;等等。

　　这些影响,无论是正面的抑或负面的,我们都不应只局限于质疑其性质和程度,更应该了解其影响的人群与影响的方式。某些群体受到的影响多,某些群体受到的影响小。从工人、患者、消费者到政府、投资者和企业,这些利益群体受到的影响各不相同。人工智能带来的利弊长短,不止涉及国家内部群体,也涉及国际间的国家关系。人工智能的主要受益方会是先进而高度发达的国家吗?它是否也能惠及教育程度较低和收入较低的群体?谁能掌握这项技术并获益良多?谁能通过使用人工智能来增强自己的能力?谁又将一无所获?

在数字技术中,引发这些问题的不单单是人工智能,其他数字信息和通信技术也对我们的生活和社会产生了巨大影响。之后的章节我们会提到,这些伦理问题并非人工智能才会引发,其他自动化技术也会引发相似的问题。工业机器人只是编程的产物,人们不把它当成是人工智能,但工业机器人导致失业时,也会造成不良的社会后果。人工智能引发的问题,与其所关联的技术不无关系,如社交媒体、互联网技术等。当这些技术与人工智能结合时,我们不得不面对新的社会问题。比如,脸书等社交媒体平台应用人工智能来获取更多用户信息,就会引发隐私问题。

与其他技术的融合意味着人工智能经常不为人所察,这主要是因为它已经成为我们日常生活中习以为常的一部分。人们常在阿尔法狗这样新兴的、引人惊叹的技术中看到人工智能的应用,但不容忽视的是,社交媒体平台、搜索引擎和其他媒体技术都是人工智能驱动的,人工智能早已全面渗透进我们的日常生活。人工智能本身与其他技术形式之间的界限会变得模糊不清,这使得人工智能的嵌入不为人所察。如果人工智能系统嵌入技术之中,我们往往会忽略它们的存在。就算是我们能够确认使用了人工智能,也很难判断到底是人工智能还是与其相关的其他技术引发了问题、造成了不良影响。从某种意义上说,人工智能本身并不独立存在,它总是嵌入众多的科学技术实践或程序中,依存于这些技术而生。虽然人工智能自身也会引发特定的伦理问题,但任何"人工智能伦理"观点都需要与涉及数字信息、通信技术、计算机伦理等更广义的伦理观联系起来。

之所以说人工智能本身并不独立存在,另一个原因是技术往往具有社会性和人性,人工智能不仅是一门技术,它还涉及人类使用它的目的、手段、感知和体验结果,涉及把它嵌入更广泛的社会技术环境的途径。这些对伦理学来说至关重要,伦理学也是关于人类决策的,这意味着它需要涵盖历史和社会文化视角。当前媒体对人工智能的热议并不是首次对先进技术的聚焦。在人工智能出现之前,热议主题是机器人、机器。另外核技术、纳米技术、互联网和生物技术等其他先进技术也引发了很多争议。在我们讨论人工智能伦理学时,有必要关注这些争议,或许可以从中受益匪浅。技术的使用和发展是在社会大背景下发生的。技术评估领域的研究人员都知道,新兴的技术总是容易引发诸多争议,但一旦技术普及开来,过度关注和争议就会大大减少,人工智能可能也不例外。当然,这种说法的目的并不是要放弃研究人工智能的伦理和社会后果,而是这种视野有助于我们在一定的大背景下认识人工智能,从而更好地理解人工智能。

第 6 章

不容遗忘的数据（科学）

我们进行日常数字活动，如使用社交媒体或在网上购买产品，都在产生数据。

过去，统计学是一个不怎么吸引人的领域。现今，作为数据科学的一部分，以人工智能的形式处理大数据，统计学成为一个热门领域。这也是一个全新的魔法领域。

机器学习

　　许多关于人工智能的伦理问题都与技术层面有关,这些技术,或部分或全部,是基于机器学习和相关数据科学,因此我们需要对这两者给予关注。

　　机器学习指的是具备"学习"能力的软件。对此定义人们颇有争议,有人认为只有人类才有学习能力,人工智能不具备真正的认知能力,所以它所做的并不是真正的学习。现代机器学习"与人类大脑中可能运行的机制几乎或根本没有相似之处"(Boden,2016:46)。基于统计学的机器学习,是一个统计过程。机器学习可以用于各种任务,它根本的目的是模式识别。算法可以识别数据中的模式或规则,使用这些模式或规则来解释数据,并对未来数据做出预测。

　　不需要程序员给出直接指令和规则,机器学习的过程是自主完成的。专家系统依赖人类领域的专家向程序员解释规则,然后程序员再对这些规则进行编写;与专家系统相比,机器学习算法不需要程序员对规则或模式进行细化,只给定目标或任务即可,软件可以调整其运行以便更好地满足任务需求。例如,通过浏览大量邮件,识别垃圾邮件,机器学习可以对垃圾邮件和重要的电子邮件进行分类。再如,要建立一个识别猫的算法,程序员不给计算机设定规则，不为计算机描述猫是什么样子的，而是让算法自己创建猫的形象模型。机器学习通过对一系列猫的图像和其他非猫图像进行优化，达到最高的识别准确度。其目的是学习了解猫的形象，而后由人类给出反馈，但不设定识别指令或规则。

过去，为了解释数据和做出预测，科学家们需要先创建理论。而机器学习却只需创建与数据相匹配的模型。计算机数据在先，理论在后。从这个意义上说，数据不再是"被动的"，而是"主动的"，"由数据来决定研究的后续行为"（Alpaydin，2016：11）。研究人员使用现有的数据集（如旧电子邮件）进行算法训练，然后算法可以根据新数据（如收到的新电子邮件）预测结果（CDT，2018）。对大量信息（大数据）中的模式进行识别有时也被称为"数据挖掘"，其过程类似于从泥土中提取有价值的矿物质。然而，"数据挖掘"这个术语容易引起误解，因为它的目标是从数据中提取模式，即分析数据，而不是提取数据本身。

机器学习可以被监督。这指的是，该算法关注的特定变量可以被指定为预测的目标。例如，任务目标是将人员进行分类（如分为高安全风险人员与低安全风险人员），则预测的类别变量为已知变量，之后，算法学习如何预测这两类人员。程序员通过提供示例与非示例，如具有高安全风险的人的图像和不具有高安全风险的人的图像，来对系统进行训练。随后，系统的目标是根据新数据，学习如何预测哪些人属于这两类中的哪一种，学习预测谁具有高安全风险，谁不具有高安全风险。只要有足够的示例，该系统就可以对这些示例进行总结归纳，学会如何对新人员数据进行分类，这些新数据包括通过机场安检系统的乘客图像。没有监督,就没有训练过程,类别就无从设定,算法会自行设定集群。例如,人工智能自己选择变量,形成自己的安全类别,而不是由程序员提供分类示范。人工智能可能会发现领域专家(此处指安全人员)尚未识别的分类模式。在人类看来,人工智能创建的分类模式看起来比较随意,没有规律可言,但根据统计结果,这些分类模式能够被识别,在有些条件下是行得通的。通过这种方式,人类可以获得现实世界中有关分类的新知识。最后,强化学习需要得到指示,告知它分类输出结果是有效的还是无效的。这类似于奖惩机制,程序不会被告知要执行哪些行为,但通过其行为产生奖励的迭代过程来进行"学习"。以安全系统为例:分类为安全的人员(提供的数据)反馈到系统,系统从而得知它的这个预测是否是有效的。如果被预测为低安全风险的人,的确没有造成任何安全问题,系统会得到反馈,认为其预测输出有效,并对这个例子进行"学习"。需要注意的是,一定比例的误差还是存在的,系统不可能百分之百准确。此外,"有监督的"和"无监督的"这两个技术术语,与人类参与技术的程度没有太大关系:虽然算法被赋予一定的自主性,但在这三种情况下,人类都以不同的方式全方位参与其中。

人工智能的数据领域也是如此,即所说的大数据,也有人类参与。由于出现了大量可用的数据,研制出了更便宜、能力更强的计算机,基于大数据的机器学习引起了人们广泛的兴趣。一些研究人员称之为"数据地震"(Alpaydin,2016:x)。我们进行日常数字活动,如使用社交媒体或在网上购买产品,都在产生数据。这些数据不仅吸引着商界人士,也吸引着政界人士和科研人员。对任何机构组织来说,收集、存储和处理数据第一次变得如此轻而易举(Kelleher and Tierney，2018)。促成这个成果的不只是机器学习,更广泛的数字环境和其他数字技术也发挥了重要的作用。网络应用程序和社交媒体可以轻松收集用户数据,同时,在线存储数据的成本降低,计算机的功能日趋强大,这些是通用人工智能和数据科学发展的重要因素。

数据科学

由此,机器学习与数据科学相互关联了起来。数据科学的目标是从数据集中提取有意义和有用的模式,如今这些数据集已经非常庞大。机器学习能够自动分析这些大型数据集。机器学习和数据科学的基础都是统计学。统计学是一门通过特定观察上升到一般描述的学科。统计学兴趣点在于通过统计分析找出数据之间的相关性。统计建模致力于寻找输入和输出之间的数学关系,这也是机器学习算法的助力所在。

但数据科学涉及的不仅仅是通过机器学习对数据进行分析。需要先收集和准备数据,再分析数据,然后对分析结果进行阐释。数据科学需要解决许多问题,包括如何获取并清理数据(如从社交媒体和网络中获取数据),如何获取足够的数据,如何汇集数据,如何重组数据集,如何选择相关数据集,应该使用何种类型的数据。因此,在机器学习的各个阶段、各个范畴内,包括提出问题、获取数据、准备数据(算法训练的数据集及其应用的数据集)、创建或选择学习算法、解释结果、决定任务(Kelleher and Tierney，2018)等方面,人类仍然扮演着重要的角色。

在机器学习过程的每个阶段,都会出现科学上的困难。虽然软件操作简单,但出现的问题仍需人类专家的知识来解决。有时,还需要像数据科学家与工程师这样的专家之间的合作才能解决。错误时有发生,人类的选择、知识和解释都是至关重要的。人类需要做出有意义的解释,并引导技术找到不同的因素和新的关系。正如博登(2016)所言,人工智能缺乏我们对相关性的理解。可以补充的是,它还缺乏理解力、经验、敏感性和智慧。这就是为什么无论在理论上还是在原则上,都需要人类参与其中。有人想当然地反对将人类排除在外,但实际上,人类一直身在其中。如果没有程序员和数据科学家,这项技术根本无法运转。此外,人类的专业知识和人工智能通常是结合在一起的,例如,当医生使用人工智能提出的癌症治疗建议,但也会利用自己作为专家的经验和直觉。如果没有人为干预,事情可能会错误百出,不着边际,甚至变得荒唐可笑。

举例来说,根据众所周知的统计学研究议题,相关性不等于因果性。这个原则也影响了应用机器学习算法的人工智能。泰勒·维根(Tyler Vigen)的《虚假相关》(2015)一书中列举了许多伪相关的例子。在统计学中,伪相关指的是变量之间本没有因果关系,但可能看起来是有,这种相关性是由于第三方潜在因素的存在。相关的例证有:缅因州的离婚率与人均人造黄油消费量之间的相关性,或人均马苏里拉奶酪消费量与土木工程博士学位授予量之间的相关性。[①] 人工智能可能会发现这种相关性,但需

---

① 参见 http://tylervigen.com/spurious-correlations.

要人类来决定哪些相关性值得进一步研究,以便找到因果关系。

此外,在收集数据、设计或创建数据集的阶段,对如何从现实中总结出抽象规律,我们也需做出选择(Kelleher and Tierney,2018)。现实的抽象化并非是中立的,抽象化后也不再是现实本身,而是现实的再现。这意味着我们可以讨论,以具体的目的为标准,这种"再现"是否合理,是否有效。以地图为例,地图本身并不是领土,人类会根据特定的需求绘制不同种类的地图(例如,用于汽车导航的地图与用于徒步旅行的地形地图)。在机器学习中,通过统计方法得出的抽象规律创建了一个现实模型,但要注意它不是现实。这中间还需要一系列选择:首先,选择算法。通过选出的算法进行统计操作,引导我们分析数据、创建规则。其次,选择数据集进行学习算法训练。机器学习的选择,体现了人的选择,意味着我们可以而且应该就所做的选择提出一些关键性问题。例如,训练数据集是否代表总体? 数据中是否存在任何偏见? 在下一章我们会看到,这些选择和议题不仅仅是技术问题,而且还有一个重要的伦理组成部分。

应用

机器学习和数据科学应用领域广泛,其中一些应用已在上文对人工智能进行总体介绍时提过。这些技术可用于人脸识别(甚至能够基于人脸分析来识别情绪)、提供搜索建议、驾驶汽车、进行个性预测(预测谁会再次犯罪)或推荐音乐。在销售和市场营销中,它们被用来推荐产品和服务。例如,当你在亚马逊上买东西时,该网站能够收集与你有关的数据,并根据一个基于所有客户的数据建立的统计模型推送产品推荐。沃尔玛已经试用了人脸识别技术来解决其门店里的盗窃问题;未来它可能会使用同样的技术来确定购物者的悲喜情绪。金融领域也应用了这些技术。信用咨询机构益博睿(Experian)与机器学习人工智能合作,对有关交易和法庭案件的数据进行分析,据此可以建议是否向抵押贷款申请人提供贷款。美国运通(American Express)使用机器学习来预测欺诈性交易。在交通领域,人工智能和大数据被用来制造自动驾驶汽车。例如,宝马公司通过使用一种图像识别技术来分析汽车传感器和摄像头传来的数据。在医疗领域,机器学习人工智能可以帮助诊断癌症(如通过分析放射扫描来诊断癌症)或检测传染病。例如,深度思考公司的人工智能分析了来自眼部扫描和患者数据的 100 万张图像,训练自身系统根据眼部退行性疾病的迹象做出诊断。IBM 的沃森(Watson)除了能参与智力问答节目《危险边缘》(*Jeopardy*),还能为癌症治疗提供建议。可穿戴的移动运动设备和健康设备也能为机器学习应用程序提供数据。在新闻领域,机器学习还可以编写新闻故事。例如,在英国新闻机构新闻协会(Press Association)让机器人撰写本地新闻。人工智能也进入了家庭和私人领域,例如,收集数据的机器人和辅助交互设备,可以连接到自然语言处理程序。智能芭比娃娃能够和儿童对话,就是通过自然语言处理程序对录制对话进行分析的结果。孩子们说的每一句话都在 Toy Talk 公司的服务器上被记录、存储和分析,然后将回答发回芭比玩具,智能芭比娃娃对发回的用户信息进行学习,然后做出回答。脸书平台有近 20 亿用户，由此产生了大量非结构化数据，脸书通过深度学习技术和神经网络对这些数据进行构建和分析，帮助公司推送定向广告。为了向公司销售广告，脸书下属的照片墙（Instagram）社交应用分析了8亿用户的图像。网飞公司（Netflix）使用推荐引擎分析客户数据，将自己从一个分销商转变为一个内容创造者，它的成功表明：如果你能预测人们想看什么，你就可以自己创作并以此赢利。数据科学甚至被应用于烹饪。例如，基于对近 10 000 份食谱的分析，IBM 的主厨沃森创建了自己的食谱，食谱对新的配料进行了重新组合。[①] 人工智能机器学习也可用于教育、招聘、刑事司法、安全（如预测性警务）、音乐检索、办公室工作、农业、军事武器等领域。

过去，统计学是一个不怎么吸引人的领域。现今，作为数据科学的一部分，以人工智能的形式处理大数据，统计学成为一个热门领域。这也是一个全新的魔法领域。媒体青睐它，不吝提及。这也是一门大生意，有人说这是新的淘金热潮，对它期待满满。此外，这种人工智能不是科幻小说或推测，正如这些现实应用所示，所谓的狭义人工智能或弱人工智能已经存在，且渗透甚广。提及它的潜在影响，反倒没有什么狭隘或薄弱之处。因此，分析和讨论机器学习与其他人工智能技术，以及这些技术的应用所引发的伦理问题迫在眉睫。这也是下一章的主题。

---

① 脸书、沃尔玛、美国运通、智能芭比娃娃和宝马等具体例子出自马尔（Marr，2018）的著作。

第 7 章

隐私和其他常见质疑

人工智能也可能导致新形式的操控、监视和极权
主义,不一定是以独裁政治的形式,而是以一种
更隐蔽、更有效的方式实现。

在网络世界里,每一台电子设备,每一款软件,都
可能遭到恶意攻击、入侵和操纵。

众所周知，人工智能的许多伦理问题都来自机器人技术和自动化的伦理领域，或者更广泛来说，是与数字信息和通信技术相关。但即便如此，也不会降低该问题的重要性。此外，由于这些技术与其他的技术息息相关，反而让这些问题呈现出新的维度，让问题的解决变得更加紧迫。

隐私和数据保护

从隐私和数据保护的视角谈开来，人工智能，尤其是处理大数据的机器学习应用程序，通常涉及收集和使用个人信息。人工智能也可以用于监视，无论是在街上，还是在工作场所，通过智能手机和社交媒体，处处实施监视活动。通常，人们甚至不知道这些数据被收集，或者他们在一个环境中产生的数据，随后被第三方在另一个环境中使用。大数据通常还意味着不同组织获取的数据（集）正在被合并。

合乎伦理地使用人工智能，要求数据的收集、处理和共享以尊重个人隐私为前提，他们有权利了解其自身相关数据的情况，有权利访问这些数据，有权利反对收集或处理其数据，以及有权利知道他们的数据正在被收集和处理，并且（如果适用的话）这些数据将由人工智能进行处理。信息和通信技术的发展也随之带来了很多类似的问题，我们将看到，在这些情况下，也对信息的透明度提出了要求(见本章下文)。在研究伦理过程中还产生了数据保护问题,比如,为社会科学研究收集数据的伦理准则。

　　然而,如今人工智能的使用环境使这些隐私和数据保护问题变得越来越棘手。社会科学家在做调查时,尊重这些价值观和人们的信息权利要相对容易一些,调查人员可以告知受访者并明确征求他们的意见,对这些数据的处理情况也相对清晰。但如今人工智能和数据科学的使用环境截然不同。以社交媒体为例,尽管有隐私信息和应用程序会征求用户同意,但用户并不清楚他们的数据是被如何处理的,甚至不知道哪些数据被收集了;如果用户想使用这个应用程序,享用其带来的好处,就不得不点击同意键。有时,用户甚至不知道他们正在使用的应用程序是由人工智能驱动的。通常情况下,在一个环境中获得的数据会被应用到另一个领域,用于不同的目的(数据用途调整)。例如,公司会在用户不知情的情况下,将其获得的数据出售给其他公司或分享给同一公司的不同部门。

操纵、利用和削弱用户

　　以上所说的数据重用现象也表明,用户有被操纵和利用的风险。人工智能可以影响我们的购物选择、新闻关注点、信任选择等。批判理论的研究人员指出,社会媒体的使用是在资本的背景下发生的。例如,可以说,社交媒体的用户其实就是免费的"数字劳动力",为其背后的公司提供数据。这其实也是人工智能引发的剥削形式(Fuchs, 2014)。作为社交媒体用户,我们有可能成为无偿的、受剥削的劳动力,为人工智能提供数据,然后人工智能分析我们的数据,最后为使用这些数据的公司(通常也包括第三方)提供数据。这也让我们想起了赫伯特·马尔库塞(Herbert Marcuse)在20世纪60年代发出的警告:即使是所谓的"自由""非极权"社会,也有自己特有的统治形式,尤其表现在对消费者的剥削上(Marcuse,1991)。此现象的危险在于,即使在现今的民主国家,人工智能也可能导致新形式的操控、监视和极权主义,不一定是以独裁政治的形式,而是以一种更隐蔽、更有效的方式实现,比如,通过改变经济方式,把我们所有人变成智能手机上的"奶牛",榨取我们的数据。人工智能也可以被用来更直接地操纵政治。例如,通过分析社交媒体数据来帮助政治竞选活动[如著名的剑桥分析公司(Cambridge Analytica)在2016年美国总统大选中未经脸书用户同意将其数据用于政治目的],或者让机器人根据人们的政治偏好进行数据分析,据此在社交媒体上发布政治信息,影响选民投票。有人担心,人工智能通过接管人类的认知任务,"使他们更不具备独立思考和自我决定的能力",将促使其用户幼稚化(Shanahan,2015:170)。此外,被剥削的风险不仅存在于用户一方,比如,人工智能依赖于某生产地的工人制造的硬件,这种生产就可能涉及对这些工人的剥削。在算法训练和人工智能数据生成过程中,剥削利用依然存在。人工智能可能会让它的用户的生活快捷便利,但对那些开发软件、处理电子垃圾和训练人工智能的人来说,情况并非如此。例如,亚马逊的智能音箱Echo搭载的语音助手Alexa,不仅吸引了作为免费劳动力的用户,为它源源不断地提供数据,而且还能被当作产品出售;一个人类劳动的世界也隐藏在幕后：矿工、船上的工人、点击鼠标给数据集贴标签的工人，所有这些都为极少数人的资本积累服务（Schwab，2018）。

还有一些人工智能用户更容易受到伤害。隐私和剥削理论通常假定针对的用户是有自主性的、相对年轻的、身体健康的成年人，他们具有完全的心智能力。但现实世界中还有儿童和老年人，他们不具备"正常"或"完全"的心智能力，这些用户将面临更大的伤害风险。他们的隐私容易被泄露或被操控，而人工智能给这些违规和操纵提供了新的机会。试想一下那些与智能娃娃聊天的幼儿，他们并不知道娃娃是使用人工智能技术系统的，也不知道自身的数据正在被采集，更不知道采集后的数据会被如何处理。人工智能驱动的聊天机器人或玩偶不仅可以通过这种方式收集大量有关孩子及其父母的个人信息，还可以通过使用语言和语音界面对孩子实施操纵。随着人工智能介入"玩具互联网"（Druga and Williams，2017）和其他物联网，伦理和政治问题应运而生。极权主义的幽灵再次现世：不是在反乌托邦的科幻小说中，不是在看似过时的战后噩梦里，而是隐身于市面上的消费型技术产品中。

虚假新闻、极权主义的危险以及对人际关系的影响

人工智能也可能被用来制造仇恨言论，捏造虚假信息，还可以让机器人模拟真人账号，看似真人实际上背后却是人工智能。我曾经提到过聊天机器人 Tay 和伪造的奥巴马演讲。这可能会导致事实与虚构混淆而难分真假。不管这种现象被称为"后真

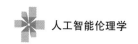

相"是否合适,这些问题都是由人工智能的应用引起的。当然,在人工智能出现之前,虚假信息和操纵行为就已经存在。例如,电影总是创造幻想故事,报纸也在传播宣传。但随着人工智能的出现,再加上互联网和数字社交媒体的可能性空间的增长,虚假信息和操纵行为的问题似乎日益严重。似乎实施操纵的机会日渐增多,使批判性思维受到挑战。所有这些再次提醒我们极权主义的危险。混淆真相,为了意识形态的险恶目的制造虚假新闻,极权主义正是从这样的行为中获取利益。

然而,即使是在一个自由的乌托邦世界中,情况也未必一片光明。虚假信息会侵蚀信任,从而破坏社会结构。技术的过度使用会减少人际接触,或者至少减少有意义的接触。雪莉·特克尔(Sherry Turkle,2011)对计算机和机器人等技术提出了这样的主张:最终,我们会期望从技术中得到更多满足,对彼此的期待反而变少。这一观点也适用于人工智能。令人忧虑的是,人工智能以社交媒体或数字"伴侣"形式出现,给我们制造了陪伴的错觉,却扰乱了我们与朋友、爱人和家人的真实关系。尽管这种忧虑在人工智能出现之前就已经存在,而且随着每一种新媒体的出现(阅读报纸或看电视代替了聊天),这种忧虑都会加剧。但是这一次的情况显示,因为人工智能的存在,技术在制造陪伴的错觉方面日益精深,这会增加孤独和人际关系恶化的风险。

安全和保障

还有一些肉眼可见的风险。人工智能,尤其是嵌入真实世界中运行的硬件系统时,也需要加强安全保障。以工业机器人为例,它们不应该伤害工人,然而,工厂里有时就会有这样的事故发生,尽管这种情况比较罕见,但机器人是具备杀人能力的。对于人工智能操控的机器人,安全问题就变得更加尖锐。这类机器人与人类的合作更密切,也许可以具备相关智能,避免伤害人类。但怎样做到这一点? 当它们靠近人类时,是应该慢速移动,但会减慢工作效率,还是可以为了更有效地完成工作而高速移动? 不管怎么小心,总是有出错的风险。安全伦理是需要权衡取舍才能实现吗? 家庭环境或公共空间中的人工智能机器人也会存在安全问题。例如,机器人是应该设计成永远不要撞到人吗? 还是为了到达目的地,有时可以让它挡住人的路? 这些不仅仅是技术问题,还是伦理问题:这是一个关乎人类生命与自由和效率等价值观的问题。它们还会引发责任问题(下文会详细介绍)。

在人工智能出现之前,安全问题就已经存在,现在不过是老调重弹。在一个网络化的世界里,每一台电子设备,每一款软件,都可能遭到恶意攻击、入侵和操纵。例如,我们都知道的计算机病毒,它会把你的电脑弄得一团糟。当我们的设备和软件配备了人工智能后,功能会更加强大,会拥有更多的能动性,会对现实世界产生有形后果,安全隐患也就会变得更加严重。例如,如果你的人工智能自动驾驶汽车被黑客攻击,你遇到的就不只是"计算机问题"或"软件问题",你很可能性命攸关。如果重要的基础设施(互联网、水、能源等)或有杀伤力的军事设备所使用的软件遭到黑客攻击,整个社会可能会被侵扰,众多人口将受到波及。在军事应用中,自主致命武器的使用明显存在安全风险,不止这些武器瞄准的打击目标（通常不是西方国家的人）有受到攻击的危险，对部署这些武器的人来说，危险也存在。这些武器随时都有可能被黑客攻击，将枪口对准了你。更可怕的是，争先拥有这些武器的军备竞赛可能会导致新的世界大战。我们不需要展望遥远的未来：如果今天（非人工智能）无人机就可以让伦敦一个大型机场瘫痪，那么不难想象，我们的日常基础设施是多么不堪一击。若人工智能被恶意使用或受到黑客攻击，可以多么容易造成大规模的干扰和破坏。还应注意，与核技术相比，使用现有的人工智能操作技术不需要昂贵的设备或长期培训，因此，恶意使用人工智能的门槛很低。

自动驾驶汽车和基础设施（如机场）中存在的安全隐患也提醒我们，虽然有些人群相对更容易被伤害，但在人工智能等技术面前，伤害不因人而异，因为随着它们的能动性增强，我们将更多的任务委派给它们，我们对人工智能的依赖性日益加剧。事情总有脱轨之时。新技术的漏洞绝不仅仅是技术层面的，它们也成为我们人类存在的弱点（Coeckerbergh，2013）。这里讨论的伦理问题因此可以被视为人类的弱点：技术的弱点最终改变了人类的存在方式。就我们对人工智能的依赖程度而言，人工智能不仅仅是我们使用的工具，它成为我们在这个世界上的一部分，成为我们面临风险的一部分。

随着人工智能能动性的增强，尤其是当它能取代人类的主体地位时，另一个更加紧迫的伦理问题浮出水面，那就是责任。这是下一章的主题。

第 8 章

无法负责任的机器和无法解释的决定

如果人工智能被赋予更多的主体权利,接管了过去人类处理的工作,那么谁来承担道德责任?

我们如何赋予人工智能道德责任？这样做是否应该？

当人工智能为人类所用，帮助人类处理事务，做出决定时，责任归属问题就随之而来，这个问题是所有自动化技术都面临的问题。人工智能接管的事务越多，这一问题就愈显其重要性。[①] 如果人工智能被赋予更多的主体权利，接管了过去人类处理的工作，那么谁来承担道德责任？当人类将主体权利和决策权授权给人工智能时，谁对技术引发的弊端和带来的利益负责？从风险的角度来说就是：出现问题时，谁来负责？

当人类处理事务和做出决定时，我们通常将主体权利与道德责任联系起来。所做所决，皆由自己负责。如果一个人对世界、对他人产生了影响，就应该对这些影响负责。亚里士多德认为，这是道德责任的首要条件，也就是我们所说的控制条件。在《尼各马可伦理学》（*Nicomachean Ethics*）一书中，他认为行为一定与行为主体有关。这种观点也有一个规范的说法：如果你有能动性，如果你能做决定，你就应该对自己的行为负责。从道德上

---

① 然而，人们可能会问，人工智能做出的决定可以算作决定吗？如果算的话，是否应将我们实际授权给人工智能的决定和应该授权给人工智能的决定区分开来？从这个层面来看，在人工智能的责任或为人工智能负责的问题之外，又衍生出新的问题，即如何界定决定。事实上，该问题与人类的授权有直接关系：我们授权机器，让它们做出决定，那么人类的授权该承担什么责任呢？

讲,我们对那些拥有能动性和权利却没有责任感的人,总是避而远之。亚里士多德还为道德责任增加了另一个条件:如果你知道自己的行为,你就对此负有责任。这是一种认知条件:你需要意识到自己在做什么,并知道可能会产生的后果。那些对自己的所作所为毫无认知的人,他们的行为极可能会造成有害的后果,我们需要退避三舍。

　　现在,让我们来看看,赋予了人工智能决策和主体地位,情况会如何。第一个出现的问题是:人工智能处理事务,做出决定,产生了道德后果,但它们不知道自己的行为意义,也没有能力进行道德思考,因此不能对自己的行为承担道德责任。机器可以是行为主体,但不能是道德行为主体,因为它们缺乏意识,缺乏自由意志,缺乏情感,也不具备形成意图的能力,等等。在亚里士多德的观点中,只有人类才能按照意愿采取行动,并对自己的行为进行深思熟虑。如果这种观点是对的,那唯一的解决办法就是由人类对机器的行为负责。即人类赋予人工智能主体权利,而保留责任能力。在我们的法律体系中,已经有类似的规定:狗或孩子不需要为他们的行为负责,法律责任由监护人承担。在公司事务中,可以将某个任务委派给员工,但由项目经理承担责任。当然在这种情况下,委托人也负有一定的责任。① 那么,为什么不让机器来执行任务,而让人类承担责任呢? 这个办法似乎是最佳选择,因为算法和机器根本无法承担责任。

---

① 事实上,这一情况更为复杂。有人可能会说,做出授权的委托人仍然承担对特定任务的责任,至少在一定程度上承担责任。但事实上,此种情形下的责任分工还不够明确。

然而,这个办法在人工智能方面也存在几个问题。首先,人工智能系统做出决定并采取行动的速度很快,例如在高频交易中或自动驾驶汽车时,人类没有足够的时间做出决定或进行干预。对这些情况下的行为和决定,人类如何承担责任?其次,人工智能在不同阶段用于不同任务。当人工智能应用于某个情况执行任务,它的创建人、它的第一使用人,随时间推移逐渐不可追溯,难以向他们追究责任。例如,大学的一个科学项目里的人工智能算法可能首先在大学的实验室中应用,然后该人工智能在医疗保健领域应用,后又在军事领域应用。那么,哪一方应该对人工智能承担负责?想要追溯某一人工智能应用历史中所涉及的责任人,或者说想追踪导致某一道德问题的责任人,实非易事。当某一问题出现需要追责时,我们不能对所有的相关人员都一一追查。人工智能算法在使用中通常有很长的应用历史,涉及诸多人事。这也就是技术行为需要追责时面临的典型问题:经手之人太多,我还要补充一点,诸事繁杂。

一项技术行为,总有多方参与。就人工智能而言,它是由程序员创建,由最终用户使用。参考一下自动驾驶汽车的例子,参与的人员有程序员、汽车用户、汽车公司经营者、道路上的其他人员,等等。2018年3月,一辆优步自动驾驶汽车在美国亚利桑那州引发交通事故,导致一名行人死亡。谁应该为这一惨剧负责?有可能是汽车程序员、汽车公司负责产品开发的人员、优步汽车,也有可能是汽车用户、行人、监管机构(如亚利桑那州政府),等等。目前尚不明确到底谁来负责。可能是责任方不能也不应该归咎于一个人,可能涉及多个责任人,因此责任的分摊还不明确。

这场事故，总要区分主要责任人与次要责任人。

其他方面的参与因素也有很多。从技术角度来看，技术系统由许多相互关联的元素组成，系统通常包含众多组件。一个人工智能算法，要与传感器交互，要运用各种数据，要与各种硬件和软件交互。所有这些所涉的项目都有历史，都有编程人员或生产人员牵扯其中。当出现问题时，到底是"人工智能"出错，还是系统的其他组件失灵，或是在人工智能结束运行其他技术接替的关头有误，还很难界定，这也让责任的认定和分摊变得更加困难。还有机器学习和数据科学，我们知道，这两项技术不止涉及算法，还涉及数据收集、数据处理、算法训练等各个阶段，而每个阶段又涉及多种技术元素，每个阶段都需要人类参与其中，做出决策。再有，技术前因后果的发展历史也涉及许多人和事项，这些都让责任的认定举步维艰。

要想解决这些问题，可以向法律体系学习或者参考保险系统是如何运作的，相关法律法规将在"政策"一章（第 10 章）中提及。但在这些法律制度和保险系统的背后，关于人工智能主体权利和责任的更普遍的问题是：我们想在多大程度上依赖自动化技术？我们能否为人工智能的行为承担责任？以及如何对责任进行认定，如何确定责任分摊比例？例如，"过失"这一法律概念指一个人是否履行了谨慎小心的责任。但是，鉴于很难对人工智能行为的潜在道德后果做出预测，对人工智能而言，"过失"又该如何定义？

这就引出了下一个问题。即使我们能解决对人工智能的控制问题，承担责任还有第二个条件，即认知。承担责任需要知道行为内容、行为后果，也能回想起自己的行为。此外，该问题还涉及可解释性：作为人类，我们希望当事人能为自己的行为和决定做出解释。因此，承担责任涉及两个方面，一是担负责任，二是具有可解释性。如果出了问题，我们需要一个答案和一个解释。例如，我们要求法官解释其判决，要求罪犯解释其犯罪动机与犯罪行为。而对于这些要求，人工智能都是无法满足的。首先，从原则上讲，今天的人工智能并不"知道"自己在做什么，也就是说，它没有意识，因此也不清楚它的行为会带来什么后果。人工智能对其行为可以进行记录与录制，但它并不像人类那样"知道自己在做什么"。而人类作为有意识的存在，对自己的行为和能力有清醒的认知（再次遵循亚里士多德的观点），并且可以对自己的行为进行思考，反思自己的行为和这些行为的后果。当人类身上不具备这样的能力时，比如年幼的儿童，法律就不要求他们承担责任，动物亦然。[①] 人工智能不具备这样的能力，我们因此也就不能追究人工智能的责任。那么解决的办法就只能是由人类对人工智能的行为负责。可以假设相关人员了解人工智能的行为及其使用目的，了解其与事件的相关性，规定由人类为人工智能的行为承担责任，由人类为人工智能的行为提供解释。

然而，这一假设是否成立，并非简单到可以一目了然。通常情况下，程序员和用户了解人工智能的使用目的，更准确地说，他们了解需要人工智能完成的任务是什么。程序员和用户之所以

[①] 特纳（2019）的著作中提到，存在一些对动物实施处罚的案例。值得我们注意的是，过去存在这种情况，但现在并不常见。

任务交给人工智能，是因为他们了解目标，清楚结果，并且也明白这项技术的工作机制。但是，正如我们看到的，他们对人工智能具体的工作内容（在任何时刻）并不了解，也不是总能解释它的行为或者做出决定的过程。

透明度和可解释性

下面要探讨的，是透明度和可解释性的问题。在一些人工智能系统中，人工智能做出决定的方式是清晰可视的。如使用决策树的人工智能，做出决定的过程清楚透明。输入了给定的条件，程序员按照已确定的决策方式进行编程。因此，人类可以解释人工智能是如何做出决定的，也可以"要求"人工智能对它的决定进行"解释"。对此，人类可以对人工智能的决定负责，或者更准确地说，可以根据人工智能提出的决策建议，最后做出决定。然而，对于其他一些人工智能系统，例如使用机器学习算法的人工智能，特别是通过神经网络进行深度学习的人工智能，这种解释和这种决定不再可能。这样的人工智能如何做出决定已经不再透明，人类也无法完全对其决定内容做出解释。总的来说，程序员了解人工智能系统的工作机制，却无法解释它的某个决定。如深入学习算法支持的国际象棋软件，程序员知道人工智能的工作机制，但机器走了某一步棋的具体思路（即在神经网络层中的运行）并不透明，也无法解释。这在责任追究上就出现了问题，因为创建或使用人工智能的人无法解释它的某个决定，无法了解人工智能的行为思路，也就无法对其行为承担责任。从某种意义上说，人类了解人工智能的行为（如人工智能的代码、运行机制）；但另一方面，他们无法预知人工智能对人类产生的影响（无法解释它的某个决定），也无法具体得知人工智能的预测过程。因此，尽管所有的自动化技术都会引发责任问题，但只有人工智能才具有这种不可解释性：即所说的黑匣子问题。

此外，即使假设使用者对人工智能及其代码有基本的了解，但有时这个假设并不成立。也许初代程序员了解代码和工作机制（或者至少对他们所编程的部分有所了解），但这不意味着后续的程序员和用户在更改程序时，或在使用特定应用程序算法时，完全了解人工智能的行为。例如，使用交易算法的人可能对人工智能一知半解，社交媒体用户甚至不知道人工智能在后台运行，更不用说理解了。对初代程序员来说，可能并不知道他们开发的算法未来的确切用途，也不清楚该算法可能被应用于什么样的领域，更不用说该算法可能会在未来造成什么意想不到的影响。因此，即使不考虑（深度）机器学习这一特殊问题，人们对人工智能的相关性知识依然了解不足。许多用户根本不了解自己的使用行为，他们不知道人工智能的工作内容、人工智能产生的影响，甚至不确定自己是否使用了人工智能。这种情况同样会触及责任问题，当然责任问题也是重要的伦理问题。

有时，不透明的状况会引发信任危机：缺乏透明度会导致技术和使用技术的人的可信度大大降低。因此，一些研究人员会问，该如何增加人们对人工智能的信任度，答案是：增加透明度，改进可解释性，这样才可以避免偏见（Winikoff，2018），改变人工智能的"终结者"形象（Siau and Wang，2018）。正如我们将在下一章中看到的,人工智能相关政策的出台也旨在建立信任。然而,给人工智能冠以"值得信赖"之类的描述是有争议的:"信任"一词只能用于谈论人与人之间的关系,用于机器合适吗? 人工智能研究员乔安娜·布赖森(2018)认为,人工智能不是一个能委以信任的东西,而是一套软件开发技术;她认为"信任"一词应该用于人类和他们的社会机构。此外,透明度和可解释性的问题引导我们再次思考:人类到底想要什么样的社会。现今社会,在资本家或技术精英的操纵与统治下,成了一个高度分裂的社会,但危险不仅于此。更深层的危险迫在眉睫,那就是在这个高科技社会中,即便是那些精英,也对自己的所作所为茫然无知,没有人能对正在发生的事情承担责任。

未来,决策者时而会将"可解释的人工智能"和"解释权"纳入提议范畴。然而,人工智能是否有可能一直保持运行透明化,这一点尚且存疑。传统的计算机系统实现透明化轻而易举,但如果采用当代的机器学习算法,原则上似乎不可能对(人工智能)决策过程中的每一步作出解释,也不可能解释与某个个体相关的决策,那么问题就出现了。"打开黑匣子"能实现吗? 当然如果能实现透明化,得益的不仅仅是道德伦理,人工智能系统(即模型)也能得到改进,从学习中,我们也会受益良多。举例来说,如果系统具有可解释性,当人工智能使用了我们认为不充分的功能,人类就可以及时发现问题并帮助消除虚假相关性。如果人工智能识别出网络游戏的新攻略,并对玩家公开,人类也可以从中学习,使玩家更好地投入游戏。这种透明化不仅适用于游戏,也对医疗、刑事、司法和科学等领域助益良多。因此,一些研究人员试图开发相关技术,以期打开人工智能的黑匣子(Samek,Wiegand and Müller,2017)。但如果我们还是无法打开黑匣子,或者实现程度有限,我们该何去何从? 到那时,道德问题的解决需要在性能和可解释性之间权衡取舍(Seseri,2018)吗? 如果一个系统性能良好,但缺乏透明度,该继续使用它吗? 还是应该避免使用该系统,转而寻求其他技术方案,使先进的人工智能最终拥有可解释性? 通过训练机器,可以达到这个目标吗?

另外,即使实现透明化是可取的、可能的,但在现实中恐怕也难以实现。例如,为了保护自己的商业利益,私人公司可能不愿意将算法公之于众。知识产权法规会保障他们的利益,也不利于人工智能的透明公开。而且,后面的章节会提到,如果人工智能被巨头公司掌控,那问题就会随之而来:谁来制定人工智能规则? 谁应该制定人工智能规则?

而且,有一点需要注意,从道德角度来看,人工智能的透明化和可解释性也当然不仅仅是将软件代码公开这么简单,重点还是在于向人们解释决策的形成过程。"它是如何运行的"相关解释并不重要,作为一个可负责和有担当的主体,如何对所做的决定作出解释,这点才重要。人工智能的工作原理、提出决策的方式,也是解释的一部分。此外,公开代码并不一定能让人们了解人工智能的运行机制,还要取决于人们的教育背景和掌握的技能。如果他们缺乏相关的专业知识,就需要采取其他解释方式。这不仅提醒了我们教育的问题,同时也让我们关注解释的范围和最终解释的内容。

关于透明度和可解释性问题的提出也引发了有趣的哲学和

科学议题，如对解释的性质进行的探讨（Weld and Bansal，2018）。什么是一个好的解释？解释和原因之间有什么区别？机器能提供解释或者阐释原因吗？人类实际上是如何做出决定的呢？又是如何解释决定的？认知心理学和认知科学对此进行了研究，可以借此研究来考虑人工智能的可解释性问题。例如，人们通常不会说明完整的因果链，而是在原因中进行选择，选择那些听取对象会赞同的解释原因，也就是说，解释本身具有社会性（Miller，2018）。人类常常因为情绪而为自己的行为编造原因，所以我们期望机器能给出不同于人类的解释方式，但如果我们这样做，是否意味着机器决策比人类决策的标准更高（Dignum，et al.，2018），那么这种设计是否应该继续？许多研究人员只谈推理，不谈解释。温科尼夫（Winikoff，2018）甚至要求人工智能和其他自主系统具有"基于价值观的推理"能力，能够代表人类价值观并使用人类价值观进行推理。但机器能"推理"吗？在什么意义上技术系统可以"使用"或"代表"价值观？人工智能有认知吗？有理解力吗？博丁顿（Boddington，2017）提出了这样的疑问：人类是否有必要充分表达其最基本的价值观？

哲学家对这些问题很感兴趣，因其直接关系到伦理，非常真实，也非常实际。正如卡斯泰尔维奇（Castelvecchi，2016）所说：在现实世界中打开黑匣子是一个问题。例如，银行应该解释其拒绝贷款的原因；法官应该解释其把某人判刑入狱或再次送回监狱的原因。对做出决定的原因进行解释，不仅是人类交流时的一种自然行为（Goebel，et al.，2018），也是一项道德要求。可解释性是对行为和决定负责任的必要条件。似乎任何一个社会都需要把人类作为自主的、社会性的个体来认真对待，人类努力对自己的行为和决定承担责任，当然也要求对那些影响他们决定的因素提出理由和解释。无论人工智能是否能直接给出理由和解释，人类都应该能够回答"为什么"。如果将人工智能用于决策，那么人工智能研究人员要解决的问题就是确保这项技术的构建能够最大限度地增强人类回答"为什么"的能力。

第 9 章

偏见与生活的意义

虽然偏见和歧视问题一直存在于社会中,但令人担忧的是,
人工智能可能会使这些问题永久化,并扩大其影响。

选择算法时是否要对其中的种族歧视视而不见? 正义是否
意味着为那些弱势群体创造一种优势,却以造成(纠正性的)
偏袒和区别对待为代价?

人工智能驱动的自动化预计将从根本上改变我们的经济和
社会,随之出现的问题不仅涉及工作的未来和意义,也涉及
人类生活的未来和意义。

偏见

　　另一个既涉及伦理又涉及社会的问题，同时又是基于数据科学的人工智能（相较于其他自动化技术）领域所特有的问题，就是偏见问题。当人工智能做出决策，或者更准确地说是在推荐用户做出某个决策时，可能会产生偏见，该决策可能对某个特定的个人或群体有不公正或不公平的对待。虽然在传统的人工智能应用中也可能产生偏见，比如使用包含偏见的决策树或数据库的专家系统，但偏见的问题通常与机器学习的应用程序有关。虽然偏见和歧视问题一直存在于社会中，但令人担忧的是，人工智能可能会使这些问题永久化，并扩大其影响。

　　偏见的产生往往是无意的：研发人员、用户和其他相关人员（如公司管理层）往往没有预见到人工智能会对某些群体或个人产生歧视。这可能是因为他们对人工智能系统了解得还不够透彻，没有想到偏见会出现，或者没有意识到他们自己其实是有偏见的。从更广泛的层面上来看，这些人员没有考虑到，也没有反思技术潜在的意外性后果，更没有与受到偏见影响的一方进行沟通、加强联系。这是有问题的，因为带有偏见的决策可能会产生严重的后果，例如，涉及资源分配和自由方面（CDT，2018），某个人由于身受歧视可能无缘工作，可能贷不到款，可能会锒铛入狱，甚至可能遭受针对他们的暴力侵害。带有偏见的决策影响的不仅仅是某个人，还有整个群体。如生活在城市某个区域的或某个种族的所有人可能被人工智能定义为高风险安全隐患。

再来看看第一章中提到的COMPAS算法的例子，该算法预测被告是否有可能再次犯罪，并被佛罗里达州的法官用于量刑判决中，例如，某人何时将获得假释。根据网络新闻媒体ProPublica的一项研究，该算法的误报案例中（预计被告会再次犯罪，但实际上没有），黑人所占的比例居多，而漏报案例中（预计被告不会再次犯罪，但实际上再次犯罪），白人所占的比例居多(Fry, 2018)。因此，批评人士认为，这对黑人被告存在偏见。另一个例子是美国创业公司PredPol，其开发的一种所谓的预测性警务工具，在美国被用于预测城市特定地区的犯罪概率，并根据这些预测对警力进行部署（如布置巡逻区域）。人们担心这个系统会对贫困人口居住区和有色人种社区存在偏见，警力对此区域的过度监控会破坏该地区人们之间的信任，使犯罪预测变成自证预言(Kelleher and Tierney, 2018)。这样的偏见不仅仅出现在刑事司法或警务中，它还可能意味着，例如，如果人工智能对互联网某些用户做出不利的描述，这些用户就会受到歧视。

偏见可能在软件设计、测试和应用的各个阶段，以多种方式出现。以设计过程为例，选择的训练数据集本身可能不具有代表性，或者数据不完整，选择这些训练数据集，偏见就可能出现。偏见在各个过程广泛存在，它出现在算法上，在训练数据集中，在基于虚假相关性的决策中（见上一章），在创建算法的小组里，存在于更广泛的社会中。例如，一个数据集可能不能代表总体（它可能只基于美国白人男性)但仍然被用来预测整个人群(具有不同种族背景的男性和女性)。偏见还可能涉及国与国之间的差异。许多用于图像识别的深层神经网络都是在标签数据集 ImageNet 上训练的,该数据集的数据大部分来自美国,只有一小部分来自像中国和印度这样人口很多的国家(Zou and Schiebinger, 2018)。这样的数据集中就会出现文化偏见。一般来说,数据集可能不完整或质量差,这可能会导致偏见的出现。比方说,在谋杀案预测的案例中,由于相关案例过少,预测软件依据的数据太少,很难做到数据泛化。还有,一些研究人员担心人工智能研发人员和数据科学团队里面的成员出身背景缺乏多样性:大多数计算机科学家和工程师是来自西方国家的白人男性,年龄在 20 岁至 40 岁之间,他们的个人经验、观点甚至偏见可能会在研究过程中,对社会背景不同于他们的群体,如女性、残疾人、老年人、有色人种和来自发展中国家的人,产生潜在的负面影响。

数据也可能对特定群体有偏见,因为这种偏见存在于具体的现实事例中,隐藏在广泛的社会生活里。比如,药物研制主要使用男性患者的数据,这样就会出现数据偏见。另外在更广泛的社会生活中,有色人种也是偏见的主要对象。如果这样的数据成为某个算法的运行基础,结果就会有偏见色彩。正如 2016 年《自然》杂志的一篇社论指明:偏见进,则偏见出。研究还表明,从万维网获取文本数据,机器学习也会产生数据偏见,因为这些语言数据反映人类日常文化,其本身就含有偏见(Caliskan, Bryson and Narayanan, 2017)。例如,语言语料库本身就含有性别偏见。因此,人们担心人工智能可能会使这些偏见永久化,进一步使历史上处于边缘地位的群体处于不利地位。数据与结果之间即便有相关性,但是如果缺乏因果关系,也可能产生偏见。再举一个刑事司法的案例,一种算法可能会推断,如果被告的父母有一人入狱,那么该被告更有可能被送进监狱。即使父母入狱与子女入狱的相关性可能存在,即使由父母入狱推断子女入狱只是预测性的,但是两者之间并没有因果关系,让被告由此受到更严厉的判决是不公平的(下议院,2018)。最后,偏见出现的原因还在于人类决策者更倾向于相信算法给出的建议的准确性(CDT,2018)。他们无视其他信息,或没有充分行使自己的判断。如法官可能完全依赖于算法,而不考虑其他因素。在人工智能和其他自动化技术发展过程中,人类的决策和解释在其中应发挥重要作用,而不是冒险过度依赖技术。

然而,目前尚不清楚偏见是否可以避免,甚至是否应该避免?如果是的话,应该以怎样的代价避免?如果为了降低偏见出现的可能性而改变机器学习算法,会降低其预测的准确性,我们还会坚持改变它吗?在算法的有效性和消除偏见之间,可能需要谋求某种平衡。另一个问题就是,忽略或删除算法中的某些特征(如种族),机器学习系统需要替代特征来识别数据,这也会导致偏见。如不以种族为特征,算法就可能选择与种族相关的其他变量,比如邮政编码。那么,世间会有完全毫无偏见的算法吗?到底什么是完全的公正或公平?哲学家们,甚至整个社会,对此都没有达成共识。此外,如前一章所述,算法使用的数据集是从现实中抽象出来的,是人类选择的结果,因此从来都不是中立的(Kelleher and Tierney,2018)。偏见弥漫在我们的世界和社会

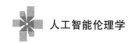

中;因此,尽管可以而且应该做很多事情来减少偏见,但人工智能模型永远不可能完全摆脱偏见(数字欧洲,2018)。

此外,用于决策的算法存在的偏见总是表现在区别对待上,因为算法的目的本来就是为了区别各种不同的可能性。例如,在招聘过程中,对简历的筛选意味着对某些特征的偏好和看重,以选出最适合某职位的候选人。伦理和政治问题关注的是,某项歧视是否存在不公正和不公平现象。但是,人们关于公正和公平的看法也不尽相同。这使得偏见问题的出现,不仅仅是技术层面的,也与关于公正和公平的政治讨论息息相关。例如,"积极区别对待政策"①或"平权法案"②,试图通过对弱势个人或群体形成积极区别对待的方式,来消除偏见。这是否公正,是有争议的。正义是否应该是盲目的、不偏不倚的?选择算法时是否要对其中的种族歧视视而不见?正义是否意味着为那些弱势群体创造一种优势,却以造成(纠正性的)偏袒和区别对待为代价?古往今来,这样的弱势群体毕竟是少数,民主背景下的政策是应该优先保护多数人的利益,还是应侧重于少数人的利益?

即使我们认同偏见是存在的,也有各种方法来消除偏见,但仍需考虑到底采取什么样的措施来解决问题。这些措施有技术手段,有社会、政治措施,也有教育方法。我们应该采取哪些措施是有争议的。争论的实质仍然是我们对正义和公平的不同看法。例如,"平权法案"中提出了一个更具普遍性的问题,那就是我们

① 对因种族、性别等原因遭歧视的群体在就业等方面给予特别照顾。——译者注
② 也称反歧视行动。——译者注

是应该维持现状,还是不再向过去长期存在的不公正现象妥协,积极打造一个没有不公的未来世界?有人认为,我们应该使用反映真实世界的数据集。数据可能表现出了社会上的偏见,算法也可能模拟了人们现有的偏见,但这不是研发人员应该担心的问题。也有人认为,就是因为几个世纪以来偏见一直存在,才会有这样带有偏见的数据集,这种偏见和歧视既不公正,也不公平,应该更换这样的数据集或算法,以进一步促进"平权法案"的实施。例如,谷歌搜索算法结果显示,该算法对女性数学教授带有偏见,有人可能会说,这只是对现实世界的真实反映(而如实反映正是搜索算法应该做到的);或者,我们可以在算法中将女性数学教授的图像优先排序,以改变人们原有的认知,也许还能改变世界(Fry,2018)。还可以尝试建立多元背景的研发团队,研发人员拥有不同的背景、观点和经验,能更好地代表可能受到算法影响的不同群体(下议院,2018)。

如果训练数据不能反映现实世界,并且所含的旧数据也没有真实反映现实情况,就无法起到以镜为鉴的作用。以这样的数据为基础所做出的决定,会让过去的歧视情况延续,而不会改变未来。但是,反对观点认为,即使算法模型能够反映现实世界,也避免不了针对某些个人和群体的歧视性行动和其他伤害。例如,根据人工智能提供的资料,信贷公司可能会根据申请人的居住地而拒绝向其提供贷款。或者根据人工智能创建的客户资料,在线网站可能会向某些客户收取比其他客户更高的费用。这些个人信息资料可以随着本人跨越地域(Kelleher and Tierney,2018)。即使人工智能真实地反映了现实,例如人们到搜索引擎上只想搜索一下罪犯的名字,但看似简单的这样一个自动完成功能,可能会将你的名字与罪犯错误地联系起来(这可能会导致可怕的后果)。还有一个不明显的例子,音乐播放器 Spotify 所使用的音乐搜索功能,根据人们点击的音乐曲目给出推荐,这会对那些不太主流的音乐和音乐人产生歧视,导致一些音乐家无法以他们的音乐谋生,也会让一部分音乐团队感到不被认可和不受尊重。

这些都是歧视问题的明显案例,人们应该始终存有疑问:某个事例中存在的歧视是否公正?如果不公正,又该如何?由谁来解决?例如,计算机科学家对此能做何举措?他们是否应该让培训数据集更加多样化,或许像微软首席科学家埃里克·霍维茨(Eric Horvitz)建议的那样,创建"理想化"的数据和数据集(Surur, 2017)?数据集应该反映现实情况吗?研发人员应该在算法中建立积极区别对待程序吗?还是应该创建"盲"算法?如何处理人工智能中的偏见不仅仅是一个技术问题,还是一个政治和哲学问题。问题的关键是,我们期望拥有怎样的社会,怎样的世界,我们是否需要尝试改变。如果需要,可以接受而又公平的改变方式是什么?这也是一个既关乎人类,也关乎机器的问题:人类的决定是公平和公正的吗?如果不是,人工智能的作用是什么?也许,通过展现人类的偏见,人工智能可以让我们对自身和人类社会有更多的了解。对人工智能伦理进行讨论,可能会揭示社会和制度上的权力失衡。

因此,人工智能伦理学深入讨论了一些敏感的社会问题和政治问题,这些问题涉及诸如正义和公平等规范性的哲学议题,并涉及人类和人类社会的哲学和科学问题,其中一个议题就是未来的工作。

未来的工作与生活的意义

人工智能驱动的自动化预计将从根本上改变我们的经济和社会,随之出现的问题不仅涉及工作的未来和意义,也涉及人类生活的未来和意义。

首先,人们担心人工智能会减少就业机会,可能导致大规模失业。人们还关心,人工智能会接管什么工作类型,只有所谓的蓝领工作,还是其他工作? 牛津大学的两名教授卡尔·贝内迪克特·弗雷(Carl Benedikt Frey)和迈克尔·奥斯本(Michael A. Osborne)(2013)所做的一份著名研究报告预测,美国47%的工作岗位都可以实现自动化。其他报告中统计的数据虽没有这个数字惊人,但多数报告都预测出了超高的失业率。许多研究者都认为,经济已经并将继续发生巨大变化(Brynjolfsson and McAffee,2014),会对现在和未来的就业产生实质性影响。随着人工智能的功能日益增强,可以完成复杂的认知任务,预计人工智能影响的就业领域不会只限于蓝领工人,而会波及多种工作岗位。一旦这种影响成真,如何才能让下一代有备无患地应对未来? 该学习什么知识? 该做好什么准备? 会不会有某个群体可以从人工智能得到更多利益?

关于最后一个问题,我们再次触及正义与公平的问题,这些问题长期以来一直备受政治哲学家们的关注。例如,如果人工智能会造成更大的贫富差距,这能算是公平吗? 如不公平,那我们

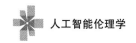

可以做些什么？也可以从不平等性的角度来看待这一问题，人工智能会加剧社会和世界的不平等吗？或者从弱势群体角度来考虑：是不是技术发达国家的从业者、富人和受教育者会享受到人工智能带来的好处，而发展中国家的失业者、穷人和受教育程度较低的民众则更容易受到负面影响(Jansen，et al.，2018)？再来谈谈近期出现的一个伦理和政治问题：环境公正。人工智能对环境、对人类与环境的关系产生了什么影响？"可持续人工智能"有什么含义？还有，人工智能伦理学与人工智能政治学是否应该只关注人类的价值观和利益？（见第12章）

　　另一个相当现实的问题涉及工作的意义与人类生活的意义。民众担心失业是因为工作是收入来源，是衡量人生意义唯一的价值标准。如果工作是唯一价值所在，那么更多的精神疾病、吸烟和肥胖问题也可以接受，因为这些社会问题往往也能创造就业机会。[1] 但这并非我们所欲所想，显然，我们认为某些价值观比创造就业机会更重要。何必要让工作成为收入来源和人生意义所在呢？经济组织和社会模式可以转换成不同的方式。我们可以让工作与收入脱钩，或者说让我们通常定义的"工作"与收入分割开来。目前，许多人从事的工作没有报酬，比如在家里照顾儿童和老人。这难道就不是"工作"吗？凭什么说做这种工作没意义呢？为什么不让这样的工作也成为收入来源呢？此外，有观点认为，自动化可以让人类有更多的闲暇时间。也许我们可以做更多令人愉快和有创造性的事情，而不一定是以工作的形式。换言

---

① 参见比尔·普赖斯的思想实验。

之,在他人预先构建好的岗位上工作,或以自营职业谋生,把这种有偿工作看成是生活的意义,这样的观点应该受到质疑。也许我们可以采取发放"基本收入"的办法,让每个人都有精力做他们认为有意义的事情。因此,为了应对未来的工作问题,我们应该思考是什么使工作有意义,思考人类应该(被允许)做什么样的工作,思考应该如何重组我们的社会和经济,使收入不仅限于工作和就业。

话虽如此,但到目前为止,像"休闲社会"或"后工业天堂"之类的乌托邦式的想法尚未实现。从19世纪到现在,我们已经经历了几次自动化高速发展的浪潮,但是机器在多大程度上解放了我们呢?虽然机器接手了一些肮脏和危险的工作,但它们也被用于社会剥削,并没有从根本上改变社会的等级结构。一部分人在自动化进程中受益匪浅,而另一部分人则一无所获。也许,"不工作"的幻想只是为胜利者准备的奢侈品。机器是否让我们获得了更有意义的生活?机器是否威胁到了实现这种生活的可能性?这是一个长期的讨论,这些问题没有简单的答案。但是对此关注至少可以说明,对人工智能先知描绘的勇敢的新世界,我们要敢于提出质疑。

此外,另一种观点认为,也许工作不一定是让人避之不及的辛苦劳作,也不一定是我们需要抵制的剥削,工作本身具有价值性,它让工人有了人生的目的和意义。它能带来诸多助益,如帮助与他人建立社会关系,带来群体归属感,易于身心健康,提供履行责任的机会,等等(Boddington,2016)。如果是这样的话,为了获得这些助益,也许我们应该为人类保留工作,或者至少是保留某些有意义的工作,保留某些任务。人工智能不需要接管所有工作,但它可以接管一些意义性不大的任务。我们可以与人工智能分工合作,例如,就像博斯特罗姆提出的,我们可以选择让人工智能从事一些非创造性的工作,或者我们也可以选择与人工智能合作来完成创造性工作。这里的担忧可能是,如果机器取代了人类现在生活中的一切工作,我们将无事可做,我们就会发现我们的生活毫无意义。然而,这是一个很大胆的假设:牢记对人工智能的任务边界保持怀疑态度(见第3章);牢记人类的许多活动不是"工作",却意义重大,我们未竟之事数不胜数。因此,当人类的所有工作和活动都可以由机器承担时,问题不在于人类还能干什么,而在于人类希望为自己、需要为自己保留哪些工作;在于人类在完成这些工作的过程中,人工智能可以起到什么作用,如何以良好的道德、社会可接受的方式起作用。

综上所述,人工智能伦理学引导我们思考什么是良好、公平的社会,什么是有意义的生活,以及技术在其中的作用。哲学,包括古代哲学在内,很可能是思考当今技术及其潜在的和实际的伦理和社会问题的灵感来源。如果人工智能再次引发这些关于美好和有意义的生活的古老问题,我们有丰富的哲学和宗教传统可以参考,可在其中追寻答案,解决问题。例如,正如香农·瓦洛(2016)所说,由亚里士多德、孔子和其他古代思想家发展起来的美德伦理传统,仍有助于我们思考在技术时代人类繁荣是什么,应该是什么。换言之,我们可能已经找到了这些问题的答案,但我们仍然需要更多研究来思考在以人工智能为首的技术时代里,美好生活的含义是什么。

　　然而,"美好生活的人工智能伦理学"与面向现实社会的人工智能伦理学要进行发展,总体上还面临着一些问题。首先是发展速度问题。西方哲学继承了亚里士多德的道德伦理模式,它假定了一个变化缓慢的社会,在这个社会中,技术发展速度不会那么快,人们有时间学习实践真知。目前尚不清楚如何利用这种模式来应对快速变化的社会(Boddington,2016)和快速发展的人工智能等技术。在人工智能等技术的应用过程中,我们还有时间对实践真知做出反馈、推进发展、深入交流吗? 伦理学的出现为时已晚了吗? 当哲学这只密涅瓦的猫头鹰①终于展翅欲飞时,世界可能已经被改变得面目全非。现实世界迅猛发展,这样的伦理学在其中的作用如何? 本该起的作用又是什么?

　　其次,鉴于不同社会之间存在巨大的文化差异,同一社会内部对同一问题的观点也形式多样,角度多元,关于技术是否会带来美好和有意义的生活的问题,不同地方、不同环境下给出的答案都不尽相同。现实中,答案将受到各种政治进程的制约,或观点一致,或背道而驰。承认这种多样性和多元化可能会导致更多元化的方法。或许就会采取相对主义的方法。20世纪的哲学和社会理论,特别是所谓的后现代主义,对于那些普遍存在的答案提出了很多质疑,这些普遍存在的答案是在某个地理、历史和文化背景(如"西方")中产生,与某些利益和权力关系紧密相关。也有人质疑政治是否应该以实现民众共识为目标[参见尚塔尔·墨菲(Chantal Mouffe)的著作(Mouffe,2013)],共识总是可取的

---

① 黑格尔用"密涅瓦的猫头鹰在黄昏时起飞"来比喻哲学。——译者注

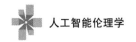

吗？或者关于人工智能未来的激烈争论是否也有一些好处？此外，还有一个关于权力的问题。对现实世界中的伦理问题进行思考，不仅要思考对人工智能需要采取的措施，还要思考谁能够、谁应该决定人工智能的未来，从而决定我们社会的未来。再以极权主义和大公司的权力问题为例，如果我们拒绝极权主义和财阀统治，那么对人工智能实行民主决策后果会怎样？政治家和民众需要掌握什么样的人工智能知识？如果这些人对人工智能及其潜在问题了解不够，我们就会面临技术官僚统治的风险，甚至制定不出人工智能的相关管理政策。

然而，下一章中会谈及，最近出现的与人工智能相关的政治进程中，至少有一个表现出了与时俱进的魄力。它积极主动，意在达成共识，趋同融合，似乎坚持一种不加掩饰的普遍主义，基于专业知识，支持民主理想（至少口头上是这样），服务于公共福利与利益，关顾所有相关利益者，这就是人工智能决策。

第10章

政策建议

人们普遍意识到,应对人工智能带来的伦理和社会挑战,任务紧迫,事关重大,由此出现了大量的倡议和政策文件。

尽管存在文化差异,各国人工智能的伦理政策却大同小异。

伦理设计或价值敏感设计的概念,可以帮助我们开发出更具责任感、使命感和更透明的人工智能。

需采取的措施及决策者必答的其他问题

考虑到人工智能存在的伦理问题，显然我们应该采取一些措施。因此，大多数人工智能政策举措都包括对人工智能的道德规范。如今，在这一领域有许多倡议，这应该受到称赞。然而，目前还不清楚应该做什么，应该采取什么具体行动。例如，鉴于现有的技术水平，社会中存在的偏见现实，以及对正义和公平的不同看法，如何处理透明度或偏见问题还无法定论。另外，解决这个问题还有其他一些方法可供选择：有了政策，就可以通过法律和指令等手段进行监管，比如通过法律法规；但也有一些方法与法律法规的关系介于相关与无关之间，如技术保护措施、道德规范、教育等。起到监管作用的，除法律法规外，还有标准，如 ISO 质量管理体系规范。此外，政策建议还应该能够回答以下问题，比如，采取什么措施，采取这些措施的原因，什么时候开始，达到何种程度，由谁来负责，待解决问题的性质、程度和紧迫性是什么。

第一，需要证明所提出的措施的合理性，这一点举足轻重。例如，提案可以借鉴人权准则，来证明减少有偏见的算法决策是合理的。

第二，政策往往跟不上技术发展的步伐，当技术已经嵌入社会时，政策往往来得太晚。所以，应该在技术被充分开发和应用

104

之前制定政策。从某种程度上看,尽管目前很多人工智能设备已经投入使用,但提前制定政策这一点还是可以实现的。时间跨度也与政策的时间范围有关,它是只适用于未来五年或十年,还是作为一个较长期的框架? 在这里,我们需要做出选择。例如,可以像大多数提案那样,只着眼不久的将来,不强调长期预测,或者只提出一个事关人类未来的展望。

第三,并非所有人都认为,一定要采取新措施才能解决这些问题。有些组织和个人认为,已有的立法足以对人工智能实行监管。真是这样的话,立法者似乎不需要大费周章,但司法解释主体以及人工智能研发人员则要承担更多的事项。反对意见认为,我们需要从根本上重新对社会及其制度进行思考,包括反思法律制度,只有处理好这些根本问题,才能为子孙后代扫清障碍。

第四,政策建议应该明确措施的执行人,这个执行人可能事涉多方。众所周知,任何技术研发都有多方参与,这就提出了如何分配政策责任与变更责任的问题:应该主要依靠政府采取行动,还是仰仗工业企业制定行业规范来保障人工智能的道德底线? 在商业领域,是指望大公司? 还是指望中小企业? 计算机科学家与工程师这样的个人起了什么作用? 民众又能起到什么作用?

第五,要想回答采取什么措施、监管到什么程度等问题,关键在于如何定义问题本身的性质,如何理解该问题的程度和紧迫性。例如,技术政策(甚至在人工智能伦理方面)有一种趋势,即随时都有新问题出现。然而,我们通过前一章的讨论明白,许多问题并不是随着新技术的出现而出现的,可能早已存在。此外,关于偏见的讨论也说明,我们拟定的做法取决于我们如何界定某

一问题,比如,这个问题事关公平吗?事关什么样的公平?这样的界定决定了我们该采取什么样的措施。有人提议采用平权法案,这一提议的基础就是以上公平视角的界定。

最后,对人工智能的界定也有异曲同工之效,对它的界定一直争议不断,其定义对确定政策监管的范畴有很关键的作用。例如,是否有必要、有可能明确区分人工智能和智能自主算法,区分人工智能和自动化技术?这些问题使事关人工智能的政策制定的意见无法统一。事实上,我们的确发现了许多分歧和紧张事态,例如在确立需要多少项新的立法上,在证明自己的措施合理的依据原则上,在道德是否应该与其他要素相平衡的问题上(如企业和经济竞争力)。然而,现实中的政策文件显示,这些问题都呈现出明显的趋同态势。

伦理原则及其论证

人们普遍意识到,应对人工智能带来的伦理和社会挑战,任务紧迫,事关重大,由此出现了大量的倡议和政策文件,不仅指出了人工智能的伦理问题,还希望为政策制定提供规范性指导。政府和政府机构(如国家道德委员会)、科技公司(如谷歌)、工程师及其专业组织(如电气与电子工程师协会)、政府间组织(如欧盟)、非政府与非营利性质的参与者和研究人员等,都提出了包含伦理规定在内的人工智能管理政策。

回顾最近的提案与建议,大多数文件都是从阐明原则来证明政策的合理性开始,随后就发现的道德问题提出一些建议。后面我们会看到,这些问题和原则非常相似。提案往往依据的是一般道德原则和专业道德准则。接下来我们一起来回顾一些建议。

大多数提案都无法接受超级智能机器接管人类的科幻情节,例如,在奥巴马总统任期内,美国政府发布了《为人工智能的未来做好准备》的报告,明确表明,对超级智能的通用人工智能给予长期关注"应该不会对当前政策产生什么影响"(白宫办公厅,2016:8)。该报告讨论了机器学习在当前和近期带来的问题,包括偏见问题,由于研发人员的不了解而出现的意外问题。该报告强调,人工智能有利于创新和经济增长,并强调人工智能的自我监管,但也表示,美国政府可以监控应用程序的安全性和公平性,并在必要时调整监管机制。

许多欧洲国家现在都制定了人工智能战略,其中包含了有关道德伦理的规范。"可解释的人工智能"是许多决策者的共同目标。英国下议院(2018)表示,透明度和解释权是算法问责制的关键,行业和监管机构应该对有偏见的算法决策做出处理。英国上议院人工智能特别委员会也审查了人工智能的伦理含义。在法国,《维拉尼报告》(*Villani report*)建议打造"有意义的人工智能":一个不会加剧社会歧视的人工智能,一个不会导致不平等现象的人工智能,一个不会造成黑匣子算法统治社会的人工智能。人工智能应该具有可解释性,益于环保(Villani,2018)。奥地利最近成立了一个专门研究机器人和人工智能的国家咨询委员会①,提出了基于人权、正义和公平、包容和团结、民主和参与、

① 参见 https://www.acrai.at/en/.

不歧视、责任和类似的价值观的政策建议。它的白皮书还推荐使用可解释的人工智能，并明确表示，人工智能无法承担道德责任，人类对此应承担责任（ACRAI，2018）。国际组织和国际会议也非常活跃。例如，数据保护和隐私专员国际大会（ICDPPC）就人工智能伦理道德和数据保护发布了一项宣言，宣言明确了公平、责任、透明度和可理解性等方面的原则，提出了负责任的设计和隐私设计的概念（这一概念要求在整个操作过程中考虑隐私因素），讨论了赋予个人权利，减少偏见或歧视等问题（ICDPPC，2018）。

　　一些决策者用"值得信赖的人工智能"来定义他们的目标。例如，欧盟委员会，作为人工智能政策制定领域的全球主要参与者之一，非常重视这一术语表达的实现。2018年4月，它成立了一个新的人工智能高级专家组，目的是创建一套新的人工智能指南。2018年12月，该组织发布了一份包含道德准则的工作文件草案，呼吁对人工智能采取以人为中心的方法，开发尊重基本权利和伦理准则的值得信赖的人工智能。这里的基本权利指的是人的尊严，个人自由，对民主、正义和法治的尊重，公民权利等。伦理准则是指仁善（善行）、无害、自主（维护人的能动性）、公正（公平）和可解释性（透明操作）。这些准则常见于生物伦理学，不同的是该草案增加了"可解释性"这一原则，强调需要对人工智能造成的具体伦理问题进行解释。此草案中，无害原则指的是要求人工智能算法必须避免歧视因素、操纵行为和负面引导，必须保护儿童、移民等弱势群体。正义原则可解释为：人工智能的研发人员、操作人员需要确保个人和少数群体不受偏见的影响。可解释性原则指的是要求人工智能系统具有可查证性，"对不同理解程度、不同专业水平的人,都能做到通俗易懂"(欧盟委员会人工智能高级专家组,2018:10)。2019年4月发布的最终版本规定,可解释性需要人工智能不仅能够解释技术过程,还应该能够解释相关的人类决策(欧盟委员会人工智能高级专家组,2019:18)。

此前,另一个欧盟咨询机构——欧洲科学和新技术伦理小组(EGE)发布了一份声明,声明主要针对人工智能、机器人技术和自主系统,提出了人类尊严、自主、责任、正义、公平、团结、民主、法治与问责、防护与安全、数据保护与隐私、可持续性等原则。人类尊严的原则指的是人类有权知道交流对象是机器还是人类(EGE,2018)。还应注意到,欧盟已经制定了与人工智能开发和应用相关的现行法规。2018年5月颁布的《通用数据保护条例》(GDPR)旨在保护所有欧盟公民的数据隐私,并赋予公民数据隐私权。该条例包括删除权(数据主体可以要求删除其个人数据,并停止对数据进行进一步处理)、隐私设计权等原则。该条例规定,数据主体有权访问自动化决策过程中"涉及逻辑的有意义信息",有权访问数据处理中的"预期结果"信息(欧洲议会和欧盟理事会,2016)。与政策文件的不同之处在于,上述原则是法律要求,能够强制执行,违反《通用数据保护条例》规定的组织可以被罚款。然而,有人质疑该条例的规定是否能够充分地解释该决策(数字欧洲,2018),一般来说,就是质疑该条例是否能够有效防止自动决策的风险出现(Wachter, Mittelstadt and Floridi, 2017)。《通用数据保护条例》规定,公民有对自动决策的知情权,且做出个人决定不需要提供原因解释。这也是民众在法律层面的关注点。欧洲委员会的一项研究以人权专家委员会的成果为

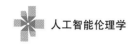

基础,要求赋予公民接受公平审判的权利,享有正当法律程序的权利,且该权利的解释能够被公民理解(Yeung,2018)。

法律层面的讨论当然与人工智能伦理和人工智能政策两个方面的讨论高度相关。特纳(2019)将人工智能与动物的法律地位做了比较(动物是如何被法律对待的,以及它们是否拥有权利),他通读了一些法律文件,了解这些条款用到人工智能上会如何规定。例如,当动物伤害了他人,哪怕是意外伤害,主人是否有尽心看管防止意外发生的义务。人工智能的设计者或培训师也会面临同样的问题。但是预测人工智能造成的后果是唾手可得的吗?刑法需要了解伤害的动机,相反,人工智能造成伤害往往并不是有意而为之。

从另一个角度上来说,一个产品不管发生了什么问题,法律并不追究生产者个人的责任,而由生产技术的公司承担损害赔偿金。这个追责办法可以用来处理人工智能的法律责任。知识产权法也与人工智能相关,比如版权和专利,还有目前出现的人工智能"法律人格"的讨论。人工智能的"法律人格"是指法律上的虚拟主体,也指目前已应用于多类公司和组织机构的一种工具,那么它是否也可以用于人工智能? 2017 年,欧洲议会建议,将复杂的自主机器人视作电子人来解决它的法律责任问题,此建议颇有争议,欧盟委员会在其 2018 年人工智能战略中并未采纳。[①] 有人强烈反对赋予机器权利和人格的想法,他们认为,某些人会

---

① 解决方案可参考:http://www.europarl.europa.eu/doceo/document/TA-8-2017-0051_EN.html? redirect#title1.

试图利用这一概念来牟取私利,一旦需要有人负责,追责将会异常艰难(Bryson,Diamantis and Grant,2017)。2017年,沙特阿拉伯授予一个机器人"公民身份",这就是著名的索菲亚案例,该案例再次引发了对机器人和人工智能的道德地位问题的热议(见第4章)。

除了北美和欧洲,其他国家也制定了人工智能政策。例如,中国通过了一项人工智能国家战略。这个发展计划指出人工智能是一种颠覆性技术,可能影响社会稳定、冲击法律和社会道德、侵犯个人隐私、产生安全风险,因此,该计划建议加强前瞻性预防措施的制定,将风险降至最低(中国国务院,2017)。

一些西方国家的同业者制造了一场虚假的竞争,他们担心中国会超过西方,甚至担心即将会爆发新的世界大战。而其他人则试图借鉴中国的战略。不同的文化如何以不同的方式对待人工智能,这也是研究人员的疑问。人工智能研究本身有助于从跨文化或比较的视角研究人工智能伦理,例如,遇到道德的两难之境时,它会让我们想到个人主义文化和集体主义文化之间的差异(Awad,et al.,2018)。人工智能若以全球性发展为目标,其伦理标准可能就会出现问题,我们还需解决中国或日本的人工智能说明方式与西方的说明方式的差异性问题。然而,尽管存在文化差异,各国人工智能的伦理政策却大同小异。中国的计划更加强调社会稳定和集体利益,但其中已确定的伦理风险、提到的原则与西方国家的并没有太大区别。

如前所述,并非只有政府及其委员会和机构制定了人工智能的伦理规范,学术界也主动采取了行动制定相应规定。例如,蒙特利尔大学提出的《人工智能负责任发展蒙特利尔宣言》,是由民众、专家和其他利益相关者共同商讨制定的。该宣言指出,人工智能的发展应该促进所有有感知的生物的福祉和人类的自主权,消除各种歧视,尊重个人隐私,促进民主言论,保护我们不受炒作和操纵的影响,让不同的参与者肩负起对抗人工智能风险的责任(蒙特利尔大学,2017)。其他研究人员还提出了有益、无害、自主、公正和可解释性的原则(Floridi, et al., 2018)。剑桥大学、斯坦福大学等致力于从应用伦理学的视角研究人工智能的伦理问题。职业伦理学研究人员对此也提供了许多帮助。圣克拉拉大学的马库拉应用伦理学研究中心为技术和工程实践提供了许多伦理学理论依据,这对人工智能伦理学也产生了影响。[①] 技术哲学家最近对人工智能也产生了很大的研究兴趣。

企业界也发出了有关人工智能伦理的倡议,其中包括人工智能合作伙伴深度思考、IBM、英特尔、亚马逊、苹果、索尼和脸书等公司。[②] 许多公司认识到伦理规范对人工智能的必要性。如谷歌公司发布了人工智能的伦理准则,包括造福社会、避免不公、弱化偏见、加强安全、承担责任、支持隐私设计、促进科学发展以及限制滥用和限制有害应用,如限制违反国际法和人权原则的武器或技术。[③] 微软公司推崇"人工智能向善",并提出公平、可靠和安全、隐私和防护、包容性、透明度以及责任等准则。[④] 埃森哲咨

[①] 参见 https://www.scu.edu/ethics-in-technology-practice/conceptual-frameworks/.
[②] 参见 https://www.partnershiponai.org/.
[③] 参见 https://www.blog.google/technology/ai/ai-principles/.
[④] 参见 https://www.microsoft.com/en-us/ai/our-approach-to-ai.

询公司提出了数据伦理的普遍原则,包括尊重数据背后的人,以及隐私性、包容性和透明度等。[①] 尽管在一些公司文件中,更加偏重自我监管,但它们也认识到了外部监管的必要性。苹果公司首席执行官蒂姆·库克(Tim Cook)曾表示,以保护隐私为例,由于自由市场不起作用,有必要对人工智能进行技术监管。[②] 然而,关于是否需要制定新的监管规定,人们的意见还不统一。有些人对包括新法律规范在内的监管途径表示支持,如加利福尼亚州已经通过了一项法案,要求明确说明背后是否是机器人在工作,在人工智能的身份上误导他人是违法行为。[③] 也有些人对此持保守态度。代表欧洲数字产业的"数字欧洲"计划(2018)认为,现存的法律框架能够解决与人工智能相关的问题,包括偏见和歧视问题,但建立可信任、透明、可解释性的人工智能至关重要,为了实现这一目的,民众和企业应该了解何时、以何种方式在决策中使用算法,我们也需要提供有意义的信息,促进算法决策可解释性的提升。

非营利性质的组织也在其中发挥了作用。例如,"国际杀手机器人禁令运动"指出了许多关于人工智能军事应用的伦理问题。[④] 未来生命研究所(马克斯·特格马克等人)从超人类主义

---

① 参见 https://www.accenture.com/t20160629T012639Z-w-/us-en/_acnmedia/PDF-24/Accenture-Universal-Principles-Data-Ethics.pdf.

② 参见 https://www.businessinsider.de/apple-ceo-tim-cook-on-privacy-the-free-market-is-not-working-regulations-2018-11? r=US&IR=T.

③ 参见 https://leginfo.legislature.ca.gov/faces/billTextClient.xhtml? bill_id=201720180SB1001.

④ 参见 https://www.stopkillerrobots.org/.

角度,在一次召开的学术与行业会议上,商定了"阿西洛马人工智能原则"。该原则的总体目标是保持人工智能有益的一面,尊重伦理原则和价值观,比如安全性、透明度、责任、价值取向、隐私和人类控制等。[①] 也有一些专业性技术组织致力于人工智能政策的制定。自称是世界上最大的专业性技术组织的电气与电子工程师协会(IEEE),提出了一项关于自主与智能系统伦理的全球倡议。经专家讨论,该倡议拟定了一份文件,提出了"合乎伦理的设计"愿景,建议这些技术的设计、开发和实施,应遵循人权、福利、责任、透明化以及避免滥用意识的原则。在全球技术标准中添加伦理规范,可能是促进合乎伦理的人工智能发展的有效途径。

技术解决方案及方法和可操作性的问题

从 IEEE 全球倡议可以看出,在措施方面,一些政策文件更侧重于使用技术方案来解决问题。正如上一章中提到的,一些研究人员呼吁开发可解释的人工智能来打开黑匣子。提出这种呼吁的充分理由是:能够解释做出决定的原因,不仅仅是伦理要求,也是人类智力的一个重要体现(Samek, Wiegand and Müller, 2017)。可解释的人工智能,或称透明的人工智能,指的是人工智能所执行的行动和做出的决定是能够被人类所理解的。我们发现,在使用神经网络的机器学习中,这一想法很难实现

---

① 参见 https://futureoflife.org/ai-principles/.

（Goebel，et al.，2018）。但政策当然可以对这个方向上的研究提供支持。

　　总体而言，在新技术的设计中嵌入伦理观念是很好的思路，伦理设计或价值敏感设计的概念皆有研究历史可循，①可以帮助我们开发出更具责任感、使命感和更透明的人工智能。例如，伦理设计可以符合"各个设计阶段都具有可追溯性"的要求（Dignum，et al.，2018），从而有助于解决人工智能的问责问题。从字面上看，可追溯性指的是对系统行为的数据进行记录。温菲尔德（Winfield）和伊罗特卡（Jirotka）（2017）呼吁在机器人和自主系统中安装"道德黑匣子"，像飞机上的黑匣子一样，记录机器人的行为（来自传感器的数据及记录系统"内部"状态的数据）。这一想法同样适用于自主人工智能：当出现问题时，这些数据可能有助于我们解释到底哪里出了问题。这也有助于对案件进行伦理和法律分析。此外，研究人员也指出，我们可以从航空业借鉴许多经验，该行业受到高度监管，具有严格的安全认证流程，事故调查流程清晰。航空业所应用的监管措施和安全保障设施，是否也可以用于人工智能？陆地交通行业提出了给人工智能自动驾驶汽车颁发认证或"驾驶执照"的想法，以区别于其他交通领域。② 一些研究人员在这个基础上提出了更深入的观点，尝试开发有伦理观的机器，进而创建"机器伦理"，让机器本身做出符合

---

① 美国的巴蒂亚·弗里德曼（Batya Friedman）和海伦·尼森鲍姆（Helen Nissenbaum），以及后来荷兰的杰伦·范登霍文（Jeroen van den Hoven）等人，一段时期以来一直在倡导技术的伦理设计。
② 参见 https://www.tuev-sued.de/company/press/press-archive/tuv-sud-and-dfki-to-develop-tuv-for-artificial-intelligence.

伦理准则的决定。反对者认为这个想法极其危险，这种道德能力应该是人类独有的，想要创造出完全道德主体机器基本没有可能，也没有必要让机器成为完全道德主体，它们只需要安全和守法就足够了（Yampolskiy，2013）。或者可能存在一些形式的"功能性道德"（Wallach and Allen，2009），它不等同于完全道德，但可使机器变得相对道德。这一讨论再次涉及道德伦理地位的问题。以自动驾驶汽车为例，在驾驶程序中建立伦理规范的必要性、可能性和可取性有多大？应该建立什么样的伦理规范？如何在技术层面实现？

政策制定者对人工智能研究和创新中的许多发展方向都很认同，比如可解释的人工智能，在设计中嵌入伦理标准。例如，除了监管、标准化、教育、利益相关者对话、包容性设计等非技术方法外，高级专家组报告还提到了一些技术方法，包括伦理设计和法治、值得信赖的人工智能架构设计、测试和验证、可追溯性与可审计性设计以及解释性设计等。例如，伦理设计内容中包含隐私设计。该报告还提到了一些可信赖的人工智能的操作方法，如提到可追溯性有助于提高人工智能透明度：对于基于规则的人工智能，应说明建立模型的方法；对于基于学习的人工智能，应说明算法的训练方法，包括如何收集和选择数据。这些方法能够确保任何人工智能系统发生的情况，尤其是紧要关头发生的情况，都是可审计的（欧盟委员会人工智能高级专家组，2019）。

方法和可操作性的问题至关重要，提出一系列道德原则是一回事，而弄清楚如何在实践中实施这些原则却是另外一回事。像隐私设计这样的概念，本应属于开发和设计制造过程，目前的呈现方式却相当抽象、宏观,到底怎样设计还不甚明了。在下一章中,我们将简要讨论人工智能伦理政策制定方面面临的一些挑战。

第11章

决策者面临的挑战

负责式创新不仅仅是在设计中嵌入伦理观,还需要考虑到不同利益相关者的意见和利益。

人工智能伦理并不一定意味着禁令;所以,我们需要积极伦理观,来树立美好生活的希望,来造就美好社会的愿景。

积极伦理：负责式创新和在设计中嵌入价值观

毫不意外，人工智能伦理政策的制定要面临着诸多挑战。然而，人工智能的积极伦理观点已经在政策提案中受到了认可。这种观点认为，在人工智能技术发展的早期阶段，就应该将伦理规范纳入考虑范围，以避免人工智能造成的伦理和社会问题，这些问题一旦出现就很难处理。这与近年来提出的负责式创新、在设计中嵌入价值观等想法不谋而合。遵循这种观点，问题的焦点就会发生转移，不再是对已有技术的负面影响耿耿于怀，而是对正在开发的技术防患未然。

然而，在新技术的设计阶段就预测该技术会产生什么后果，并非易事，要想解决这一问题，还要构建出未来伦理影响的情景。伦理学研究和创新中，可采用的方法很多（Reijers，2018），其中之一不仅可以对当前论述人工智能的方式进行研究和评估，还能破旧立新，创新人工智能特有的、崭新的、具体的叙事方式。

以实践为主导、自下而上的方法：我们如何将其转化为实践？

负责式创新不仅仅是在设计中嵌入伦理观，还需要考虑到不同利益相关者的意见和利益。具有包容性的管理方案需要利益相关者的广泛参与、公开讨论以及对研究和创新对象进行的早期社会干预(Von Schomberg，2011)。也就是说，可以通过组织专题小组、运用其他技术手段等方式，了解人们对该技术的看法。

某种程度上，这种自下而上的负责式创新方法，与大多数政策文件中所采用的伦理方法相悖，因为后者是自上而下的，是抽象概括的。这样说的原因有两个，首先，政策通常是由专家制定的，没有听取来自广泛利益相关者的想法。其次，即使专家们认可伦理设计这样的原则，却并不清楚在实践中应用这些原则意味着什么。要使人工智能的管理政策发挥作用，需要搭建一座桥梁，将抽象的、高层次的伦理和法律原则与技术实践连接起来，这个技术实践包括特定环境下的技术开发和应用、参与这些实践并在技术环境中工作的人的想法。这种连接是一个巨大的挑战。此连接工作应由政策提案的验收方——决策部门来完成。在政策制定的初始阶段，是否需要做更深入的工作？至少，为了让人工智能伦理在实践中发挥作用，除了弄清"做什么"之外，还需要考虑"如何做"——即方法的问题，包括方法、程序、制度。也就是说，我们需要更多地关注过程。

关于人工智能伦理学事关"谁"的研究中，我们需要更多自下而上的意见，而不是自上而下的指令。做到这一点，需要更多地倾听实践中与人工智能相关的研究人员和专业人士的意见，以及现实里由此技术导致弱势的群体的意见。如果我们拥护民主理想，如果在事关社会未来的决策中，民主理想需要包容性和参与性，那么倾听利益相关者的声音就不是可有可无，而是伦理和政治上必需的。尽管一些决策者与利益相关者通过某种形式已经进行了磋商(例如,欧盟委员会有自己的人工智能联盟),①但这些磋商是否真的惠及技术开发者、最终用户,尤其是否惠及那些被动承担大部分风险并承受其负面影响的人,这一点还值得怀疑。人工智能的决策和政策到底有多高的民主性?多大范围的参与性?

权力集中在少数大公司手中这一现实,危及民主理想的实现。保罗·内米茨(Paul Nemitz, 2018)认为,数字权力集中在少数公司手中是有问题的:如果这些公司不仅通过分析数据而掌握对个人的控制权力,还能通过权力集中化,对基础的民主制度使用权力,这些公司就成为民主路上的障碍,尽管它们的初衷是为研发符合道德规范的人工智能尽一分力量。因此,为了维护公共利益,确保这些公司不会自行制定规则,我们有必要对其进行监管并设定管理边界。默拉·沙纳汉(Murrah Shanahan)也指出"权力、财富和资源集中在少数人手中的永存趋势"(2015: 166),这使得实现更公平社会的理想雪上加霜,也让民众更容易受到各种风险的影响,如隐私权被利用和侵犯,欧洲委员会的一项研究将这个现象称为"数据再定位的寒蝉效应"(Yeung, 2018: 33)。

与环境政策的制定过程类似,各国就人工智能伦理方面的政策制定采取有效的措施与协同合作的可能性希望渺茫。例如,在美国围绕气候变化的政治进程中,有时甚至连全球变暖和气候变化问题都被否认,强大的政治力量反对采取行动,或者反对国际

---

① 参见 https://ec.europa.eu/digital-single-market/en/european-ai-alliance.

气候会议在商定有效而协同合作的气候政策议题上取得实质性进展。解决人工智能提出的伦理和社会问题,寻求全球合作行动可能会面临相似的困境。其他利益往往凌驾于公共利益之上,各国政府间关于包括人工智能在内的新数字技术的政策少之又少。也有例外情况,如全球对禁止自动致命武器的态度基本一致,但也不是所有国家都支持,如美国就对此存在争议。

此外,尽管出发点是好的,但伦理设计与负责式创新也有其自身的局限性。首先,像价值敏感设计这样的方法假设我们能够清晰地表达我们的价值观,制定伦理准则的前提也设定我们能够充分表达我们的道德观。但事实并非如此,我们的日常伦理这一概念根本无法做到完全清晰表达。我们对伦理现象能够做出反应,却无法充分证明我们的反应是正确的(Boddington,2017)。借用维特根斯坦(Wittgenstein)的话:生活展现伦理,伦理镶嵌于生活。伦理与我们的行为方式紧密相关,而行为方式具有社会性和文化性,是我们具体存在的体现,也是我们在社会中存在的证明。这种性质不利于充分阐明伦理和伦理因果,不利于开发出符合道德准则的机器,也不利于对伦理和民主进行充分的协商。有人认为,可以通过一系列原则、具体的法律措施和技术方法,来全面解决人工智能伦理问题,这个观点从伦理层面考虑也存在问题。我们当然需要方法、程序和操作,但只有这些远远不够;伦理规范与机器运行方式不同,政策制定和负责式创新亦是如此。

其次,当出于伦理的要求,停止某项技术开发时,这些技术方法也可能成为伦理上的障碍。通常,技术在实践中能够起到润滑油的作用,可以促进创新机制,提高盈利能力,确保技术的可接受性。这并非坏事。但是，如果伦理原则要求停止或暂停该技术或该技术的某项应用，对于两者又该如何取舍？克劳福德和卡洛（Crawford and Calo，2016）认为，价值敏感设计和负责式创新工具是基于某项技术将要被开发而提出的，在决定是否应该开发此技术的阶段，它们提供的帮助不大。例如，在开发新的机器学习应用程序等高级人工智能的情况下，如该技术一直不可靠或存在严重的伦理问题，至少其中的部分应用程序不应该投入使用。中途叫停是不是最好的解决办法暂且不论，问题的关键在于，我们至少应该拥有提出问题并做出决定的转圜余地。如果缺少这处余地，负责式创新就依然是原地踏步的遮羞布。

迈向积极伦理观

话虽如此，一般来说，人工智能伦理并不一定意味着禁令（Boddington，2017）。人工智能伦理在实践中难以发挥作用，还有一个障碍就是，人工智能领域的许多参与者，如公司管理人员和技术研究人员，仍然认为伦理准则是一种约束，是具有消极意义的东西。这种想法并不是完全来自误导：伦理准则通常必须有约束、有限制，强调某些东西是不可接受的。如果我们认真对待人工智能伦理并落实这些准则，就可能会面临一些权衡取舍，尤其是在短期内需要取舍。遵循伦理的代价有可能是金钱、时间和精力。然而，伦理学和负责式创新能够降低这一代价，支持企业和社会的长期可持续发展。要说服人工智能领域中包括决策者在内的所有参与者，仍然是一个挑战，事实上这也的确很困难。

但是我们需要知道,政策和监管不仅仅是禁止一些事情或者使事情难上加难,它们也可以是支持性的,例如提供激励。

除了设定限制的消极伦理之外,我们还需要阐明并提倡积极伦理观,来树立美好生活的希望,来造就美好社会的愿景。虽然上文提到的一些伦理准则已经包含有这样的愿景的意味,但将研究讨论向这个方向推移却困难重重。如前所述,人工智能的伦理问题不仅仅与技术相关,还事关人类生活和人类繁荣,事关社会的未来,也许也事关非人类生命、环境以及地球的未来(见下一章)。关于人工智能伦理和人工智能政策的讨论,再次让我们从个人、社会以及人类的角度出发,对这些重大问题进行思考。进行这样的思考,我们可以寻求哲学家的帮助。对决策者来说,挑战在于需要对技术未来有一个广阔的视野:了解重中之重,识别卓有意义、卓有价值的事务。一般来说,自由民主国家建立的目的就是将美好生活这样的愿景留给民众,在类似事情上保持"淡薄"态度(这种政治创新至少消弭了某些类型的战争,并为稳定和繁荣做出了贡献)。但面对眼前的伦理问题和政治挑战,完全忽视更实质性的、更深刻的伦理问题是不负责任的。制定的政策,包括人工智能政策在内,都离不开积极伦理观。

然而,决策者要制定相关政策,单打独斗不可取,高高在上提供柏拉图式的专家建议也不可取,应该在技术官僚和参与式民主之间找到恰当的平衡。眼前的这些问题与我们每个人都切身相关,我们都身在其中。因此,问题的解决不能被少数人操控,无论这些人是来自政府,还是来自大公司。这让我们又回归到此前的问题上:以什么方式进行负责式创新,以什么方式参与人工智能

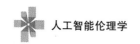

的政策制定。该问题不仅事关权力分配，也事关福利，事关民众个人福利与社会福利。关于打造美好生活和建设美好社会的想法，需要我们能够将其清楚地表达出来，也需要更多的批判性讨论。我的建议是，对于西方国家来说，应该尝试探索西方国家之外的政治制度，学习他们的政治文化。想要制定有效、合理的人工智能政策，不应该回避伦理-哲学、政治-哲学的讨论。

多学科交叉与跨学科研究

想让人工智能伦理起到更大的作用，能够支持负责式的技术开发，避免出现技术研究人员所说的新人工智能的发展"寒冬"（意即人工智能开发和投资逐渐放缓），还需要克服诸多障碍。难点之一就是缺乏足够的多学科交叉与跨学科研究。不管是在学术界内，还是学术界外，人文社会科学领域的研究人员与自然科学和工程科学的研究人员，在研究背景和问题理解上仍存在巨大差异。迄今为止，我们依然还没有建立提供支持的制度，为学术界与大社会之间建立沟通的桥梁。但如果真的想拥有符合伦理标准的高科技，比如拥有符合伦理准则的人工智能，我们需要尽早将不同学科领域的相关研究人员紧密地联系起来。

这需要我们改变研究和开发的方式，这种改变不仅涉及技术人员和商界人士，还涉及人文学科研究人员。另外，也需要改变我们的教育方式，教育对象不只是年轻人，还有年纪稍长的人。一方面，需要确保人文领域的研究人员意识到学习新技术（如人工智能）的重要性，并确保他们可以学习到这些技术的相关知识，

了解这些技术的作用。另一方面,科学家和工程师需要对技术开
发和使用的道德伦理、社会因素具备敏感性。当他们学习使用人
工智能,并能为新人工智能技术的发展做出贡献时,不应将伦理
视为与他们的技术实践关系不大的边缘话题,而是应该将其视为
技术实践的重要组成部分。理想的情况下,说起"做人工智能"或
"做数据科学",自然就包含了伦理层面的内容。更广泛地说,可
以考虑建立一种更多样化和更全面的文化框架或叙事说明框架,
在方式和方法、主题、媒体和技术方面更加彻底地跨学科和多元
化。坦率地说,如果工程师学会人文思维,人文学科的研究者学
会电脑思维,那么技术伦理和政策就更有希望在实践中发挥
作用。

人工智能寒冬的风险和盲目使用人工智能的危险

如果这些政策未能制定成功,这个方向的教育未能顺利开
展,具体一点,如果符合伦理准则的人工智能项目失败,我们面临
的不仅仅是人工智能寒冬的风险,最终的、可以说更严重的风险
是来自伦理、社会以及经济的灾难,是关于人类、非人类生命以及
环境的损失。这与奇点、终结者或其他关于遥远未来的世界末日
情景无关,而是与技术风险的缓慢而不断的累加,以及由此导致
的人类、社会、经济和环境的日渐衰退有关。这种技术风险,这种
不断的衰退,都与这里和前几章中指出的伦理问题脱不开关系,
包括无知和鲁莽地使用人工智能等先进的自动化技术。而教育
方面的鸿沟可能在总体上加剧了人工智能风险的增长,虽然教育

差距并不直接产生新的风险，却会让现有的风险持续增加。到目前为止，人工智能的使用还没有"驾照"这样的东西，也没有对技术研究人员、商界人士、政府管理人员以及其他参与人工智能创新、使用和政策制定的人员进行强制性的人工智能伦理教育。有很多不受约束的人工智能，目前掌握在那些没意识到伦理问题、不了解风险的人手中，或者掌握在那些对这项技术抱有错误期望的人手中。他们在不知情的情况下，无须承担责任，于是危险由此而生。更糟糕的是，受到影响的却是其他人。如果真的存在邪恶这种东西，那么它就生活在 20 世纪哲学家汉娜·阿伦特（Hannah Arendt）所定位的地方：在浑噩无脑的日常工作里，在盲目的决定之中。假设人工智能是非善非恶的，在不了解自己行为意义的情况下使用人工智能，就会产生愚蠢的后果，最终导致世界范围的伦理腐化、道德败坏。教育政策的制定有助于缓解这种情况，从而促进良好而有意义的人工智能的发展。

然而，仍然有一些难以解决、令人苦恼的问题存在，这些问题在关于人工智能伦理和政策制定的讨论中经常被忽视。对这些问题即便无须过多分析，至少应该稍有提及。人工智能伦理关注的是人类的利益和价值，是否应该考虑非人类物种的价值、福利以及利益？即使人工智能伦理学主要是关于人类的，关于人工智能的伦理问题难道不是人类需要解决的最重要的问题吗？带着这个疑问，我们进入最后一章的论述。

第12章

傻瓜，这是气候问题，头等大事！

——关于优先权、人类纪和太空梦

在环境和其他生物的哲学讨论中，"以人为中心"的理念即便观点正确，也不是研究的重点。

气候变化的问题迫在眉睫，地球的未来岌岌可危，为什么还要担心人工智能呢？

人工智能伦理应该以人为中心吗？

虽然许多关于人工智能伦理和相关政策的著作中提到了环境或可持续发展，但它们强调人类的价值观，往往明确以人为中心。例如，欧盟委员会人工智能高级专家组（HLEG）的伦理指南指出，人工智能应该采用"以人为中心"的理念，"人类在公民、政治、经济和社会领域享有独一无二且不可剥夺的道德地位"（欧盟委员会人工智能高级专家组，2019：10），斯坦福大学和麻省理工学院等大学也都制定了以人为中心的人工智能研究政策。①

以人为中心的概念通常用于技术领域，其理念是：人类的利益与尊严优先于技术的需求与功能。这个概念的核心点是：技术应该造福于人类，服务于人类，而不是相反。然而，正如我们在第1章中所看到的，在人工智能伦理中对人类的这种关注并不像乍看起来那么明显，特别是如果我们考虑后人类主义的观点或批判性地质疑竞争叙事（人类与技术）。技术哲学表明，定义人与技术之间的关系，方法复杂多样，机巧多变。此外，在环境和其他生物的哲学讨论中，"以人为中心"的理念即便观点正确，也不是研究的重点。在环境哲学和伦理学中，对非人类物种的价值，特别

---

① 参见 https://hai.stanford.edu/and https://hcai.mit.edu.

是生物价值的研究一直贯穿始终,研究内容主要是如何尊重这些生物及其价值,以及由于尊重人类价值可能产生的潜在紧张关系。就人工智能伦理而言,这意味着我们还应该关注人工智能对其他生物的影响,关注人类和非人类在价值和利益上可能存在紧张关系的问题。

确定正确的优先级

另外,比起人工智能造成的问题,还有更严重的其他问题摆在前面,因此确定优先解决的事项极其重要。不同意优先考虑人工智能问题,是由于还有许多其他全球性问题亟待解决,这些问题对全球都会产生重大影响,比如气候变化等,人类需要将其列为优先解决的事项。

回顾联合国 2015 年可持续发展议程(即所谓的可持续发展目标)①以及联合国秘书长潘基文所说的关于"人与地球"的全球问题的概述,列出了许多要从伦理学和政治角度关注的全球性问题:国家内部和国家之间日益加剧的不平等、战争和暴力极端主义、贫穷和营养不良、淡水资源缺乏、缺少有效的民主机构、人口老龄化、传染病和流行病横行、核能危机、儿童和青年机会减少、两性不平等、各种形式的歧视和偏见、人道主义危机和各种侵犯人权行为、移民和难民问题、气候变化和环境问题(有时与气候变化有关),如更频繁和更严重的自然灾害与环境恶化,包括干旱、

① 参见 https://sustainabledevelopment.un.org/post2015/transforming our world.

生物多样性的丧失等问题。有这些问题在前，人工智能还应该是我们首要解决的问题吗？对人工智能的关注是否会分散人们对更重要问题的注意力？

一方面，如此多的人类处于水深火热之中，而世界深受如此多的其他问题困扰之际，关注人工智能和其他技术引发的问题似乎不合时宜。世界上某一个地区的人们在竭尽全力只求淡水生存，或在充斥暴力的环境下苦苦求生，而另一个地方的人却在为互联网上的隐私庸人自扰，为人工智能未来万一实现超级智能的幻想而杞人忧天。从伦理学的角度考虑，目前还出现了一些很可疑的问题，这些问题不一定与人工智能有关，而要归咎于全球不平等和不公正现象，但伦理学研究和政策制定不应该对这些问题视而不见。例如，有时在发展中国家，低端技术反而比高级技术能给人们提供更多的帮助，因为这些国家的能力只能负担、安装和维护这些低端技术设备。

另一方面，人工智能可能引发新的问题，让社会和环境中现有的问题雪上加霜。有人担心人工智能会像许多数字技术一样，扩大贫富差距，增加能源消耗，造成更严重的浪费。从这个角度来看，讨论和处理人工智能伦理问题并不会分散我们的注意力，而是我们能够为解决全球性问题（包括环境问题）做出贡献的方式之一。因此，我们可以得出这样的结论，人工智能问题也需要关注。诚然，贫困、战争等都是严重的问题，但人工智能也可能导致或加剧现在和将来的严重问题，也需要列在我们需要解决的问题清单里。然而，这并没有回答关于优先级的问题，该问题是重大的伦理学与政策问题。重点不在于这一问题的解决是否易如反掌，而在于大多数关于人工智能的学术著作和政策文件中甚至都没有提出这个问题。

人工智能、气候变化和人类纪

将气候变化和人类纪等相关主题纳入最优先事项研究，是最具挑战性的行为之一。"气候变化的问题迫在眉睫，地球的未来岌岌可危，为什么还要担心人工智能呢？"借用美国政治文化中的一句典故："傻瓜，这是气候问题，头等大事！"让我来对这个问题进行解析，讨论它对人工智能伦理学思考方式的影响。

尽管一些极端分子拒绝接受气候变化这一科学发现，但科学家和决策者普遍认为，气候变化不仅是一个严峻的全球性问题，而且正如联合国可持续发展目标中所说，它还是"我们这个时代最大的挑战之一"。这个问题不仅仅是指向未来，而是现在就已经显现：目前全球气温和海平面已经在上升，这对地势较低的沿海地区和国家有很大的影响。很快，气候变化的后果会将更多的人卷入其中。因此，我们现在必须采取紧急行动，减轻气候变化带来的威胁。这里用"减轻"这个词，是因为气候变化的发展已经远远超出了危险的临界点，现在说做点什么，可能已经为时过晚，一些严重后果已经显现出来。与超人类主义对超级智能的恐惧不同，对气候变化的担忧有科学证据做支撑，也得到了很多西方精英们的大力支持，他们有良好的教育背景，对后现代怀疑主义和官僚主义身份政治感到厌倦，发现了关注这一问题的必要性，看到了问题的真实性、实际性、普遍性，了解到气候变化正在发

生,它与地球上的每一个人、每一件事息息相关。最近一轮激进主义运动浪潮引起了人们对气候危机的关注,这些运动包括格蕾塔·桑伯格[1](Greta Thunberg)运动、全球气候大罢工等。

在界定气候变化问题上,有时会用到"人类纪"这一概念。气候研究员保罗·克鲁岑(Paul Grutzen)和生物学家尤金·施特默(Eugene Stoermer)指出,我们生活的地质时代,人类对地球及其生态系统的影响显著而巨大,人类也成为一种地质力量。目前,人口与牛的数量呈指数级增长,城市化不断扩张,矿物燃料枯竭,淡水使用量大幅增加,物种灭绝,有毒物质释放等问题层出不穷。有人认为"人类纪"始于农业革命,也有人认为它随着工业革命(Crutzen,2006)或第二次世界大战而兴起。总之,新的故事和新的历史已经启程,新的宏大叙事已经拉开帷幕。如今,这个概念经常被用来引起人们对全球变暖和气候变化的关注,它结合了各种学科领域(包括人文学科)的知识,综合性思考地球的未来。

并非所有人都接受这个概念,甚至部分地质学家对此也有争议,有人已经对它所表现出来的"人类中心主义"提出质疑。例如,哈拉维(Haraway,2015)从后人类主义者的角度指出,其他物种和"非生物体"也在不断变化的环境中发挥作用。但哪怕没有"人类纪"这样一个有争议的概念,气候变化与其他环境问题依然存在,必须尽早对此提出解决方案。这对人工智能政策的制定存在什么指示意义呢?

---

[1] 瑞典环保小将。——译者注

许多研究人员认为，人工智能和大数据可以帮助我们应对包括气候变化在内的很多全球性问题。同一般的数字信息和通信技术一样，人工智能可以促进可持续发展，处理很多环境问题。可持续人工智能很可能成为一个成功的研发方向。然而，人工智能也可能使环境恶化，给所有人带去消极影响，比如增加能源消耗和浪费。从"人类纪"的角度来看，人类可能会利用人工智能来加强对地球的控制，反而存在加剧问题而非解决问题的危险。

如果将人工智能视为一种解决方案，或者更进一步，视为主要的解决方案，产生的问题就会更严重。想象一下一个应用超级智能的场景：一个比我们人类更清楚什么对我们有益的"良性"人工智能，服务于人类，敦促人类为自己的利益、为地球的利益行事，仿若哲学王柏拉图的技术化身，堪比机器之神。人神合一（Harrari，2015）被人工智能之神取而代之，它负责管理人类的生命保障系统，还负责管理人类。例如，为了解决资源分配问题，人工智能可以充当"服务器"，根据数据模型的分析结果制定决策，管理人类对资源的使用。这项功能，可以与普罗米修斯监控系统相结合，如地球工程。需要管理的不仅仅是人类，这个星球也需要重新设计。因此，技术将被用于解决人类的问题，"修复"残破的地球。

然而，上文中提到的场景，不仅充满了独裁性，侵犯了人类的自主权，而且也会引发"人类纪"本身的问题：人类的超级代理，即人类的代表——机器，将整个地球变成了人类的资源和工具。最终技术将被推向技术官僚的极端，人类纪的问题才能得以所谓的"解决"，后果就是出现了一个机器世界，人类在其中被当作孩

子受到照顾，而后惨遭淘汰。这种大数据的人类纪场景，这种人们熟悉的机器取代人类的情节，让我们又重回噩梦，重历梦魇。

新的太空热和柏拉图式的诱惑

对于气候变化和人类纪的另一个解决办法，与技术爱好者的观点一致，也类似于超人类主义的思维方式，那就是我们可能会把这个星球搞得一团糟，但我们可以逃离地球，进入太空。

埃隆·马斯克（Elon Musk）的特斯拉跑车在太空中飘浮，成为 2018 年的一个标志性画面。[①] 马斯克还计划殖民火星。他并不是唯一的梦想家，这也可能不只是一个梦想，人们对太空的兴趣与日俱增，大量资金正投入太空项目。与 20 世纪的太空竞赛不同，太空项目主要由私营公司推动。除了科技界的百万富翁，艺术家也对太空兴趣浓厚。马斯克的太空探索科技公司（Space X）计划实现载艺术家环绕月球飞行。[②] 太空旅游的点子越来越受欢迎，太空探索成为热门话题。谁不想去太空逛一逛呢？

太空探索本身并无错处，它还能带来潜在的好处。太空探索需要研究极端环境中生存的方式，这有助于我们解决地球上的难题，帮助我们对可持续技术进行试验，并从星球的大角度看待问题，等等。人类纪的观念之所以得以构想，就是源于多年前太空技术让我们有机会能从远处观察地球。再想想马斯克太空跑车

---

① 参见 https://www.theguardian.com/science/2018/feb/07/space-oddity-elon-musk-spacex-car-mars-falcon-heavy.

② 参见 https://cosmosmagazine.com/space/why-we-need-to-send-artists-into-space.

的画面，有人认为开发电动汽车是解决环境问题的有效方式，却没有质疑"汽车是最好的交通工具"这个想法，也没有考虑电力是如何产生的。但不管怎样，这些想法都很有趣。

但是，如果太空梦的实现要以忽视地球上存在的实际问题为代价，如果太空梦像汉娜·阿伦特（Hannah Arendt，1958）所写的那样，让人类充斥太多的逃离想法和疏远感，那么这个太空梦就是有问题的。她认为，科技的发展让我们有可能实现离开地球的愿望，确切来说，实现这个愿望不仅可以通过空间技术（在她那个时代指人造卫星），还可以通过数学方法，使我们远离混乱的尘世、庸俗的生活，使我们从政治的生活中抽离出来。所以，超级智能和逃离地球这样的超人类主义幻想，可以被看作是远离世界、逃避现实的表现，本身就存在问题。这是柏拉图主义和超人类主义的写照，这一理念想要克服人体的限制，克服其他"生命保障系统"（地球）的限制，身体和地球都被视为监狱，是我们需要逃离的地方。

鉴于此，人工智能的危险之一就是，它可以成为实现逃离的工具，滋养这种逃离思维，成为逃离地球的设备，并否定我们身体赖以生存的环境，拒绝我们脆弱而世俗的存在状态。换句话说，就是火箭。火箭本身无关对错，问题出在某项技术与人类某种思维方式的结合。虽然人工智能有可能成为促进个人生活、社会发展、人性的积极力量，但如果科学技术中逃离与疏远的倾向被放大，如果这一倾向与超人类主义和超地球主义幻想相结合，我们的技术未来就很可能对人类和地球上其他生物产生不利影响。若我们逃避问题，对气候变化这样的问题不予解决，可能在赢得火星的那一天，我们也会失去地球。

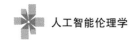

同其他问题一样，这个问题也离不开政治因素的介入：社会上某些群体比其他人拥有更多的机会、更充足的财富、更大的权力逃离地球。这里存在的问题是，太空技术和人工智能需要地球付出实际成本，而投资于太空项目的所有资金本应该花在解决战争和贫困这样的现实问题上；另外，富人能够逃离他们摧毁的地球，而剩下的人却要被遗留在这个不再适合生存的星球上（Zimmerman，2015）。正如一位评论员所说，人工智能像火箭及其他技术一样，会成为"最富有者生存"的工具（Rushkoff，2018）。如今，这样的贫富差距现象已经在其他技术上有所显现：在德里等城市，大多数民众受到空气污染的困扰，而富人则可以乘坐飞机，前往污染较轻的地区居住，或者购买采用空气净化技术生产的优质空气。并不是每个人都呼吸着同样的空气。人工智能是否会加剧贫富之间的差距，导致一些人的生活更加紧张和不健康，而另一些人的生活更加美好？人工智能可以解决环境问题吗？伦理准则要求人工智能应该致力于让地球上的生活更美好，最好有利于所有人类，有利于依赖地球的人类生活。太空梦对此不仅不会提供帮助，可能还会阻碍我们实现这一目标。

回归地球：致力于可持续人工智能

让我们把议题再回归到"优先级"这一非常实际的问题，回归到气候变化这一非常现实而又紧迫的问题上。为了解决这些问题，人工智能伦理学和政策应该做些什么？当人类价值与非人类生命价值发生冲突时，如何解决？大多数人都认为，将控制权交给人工智能或逃离地球都不是好的解决方案，那什么是好的解决方案？有解决方案吗？要想卓有成效地回答人类如何与技术和环境相关联的问题，我们必然要回到哲学领域来寻求答案。同时，这些问题也引导我们再次回到第 5 章"技术"提到的问题：人工智能和数据科学能为我们做些什么，我们能从人工智能中合理地期待什么？

很显然，人工智能可以帮助我们解决气候变化等环境问题。在帮助我们解决复杂的问题上，人工智能显示出独特的优势，比如，人工智能可以检测环境数据的模式，这些数据不可见，且数量庞大，数据复杂。正如弗洛里迪（Floridi，2018）所说，人工智能还可以提供解决方案，如帮助我们处理复杂性协作，对有害排放实施削减措施。从更广泛的层次上看，世界经济论坛博客提出，人工智能可以进行环境系统监测、建立环境系统模型、创建智能能源电网和智能农业，为人类提供多方面帮助（Herweijer，2018）。政府和企业都可以在这些方面起带头作用。例如，谷歌已经使用人工智能来减少数据中心的能源使用量。

然而，这些帮助并不一定能"拯救地球"。人工智能也可能导致新问题的出现，使原有问题更加严重。人工智能赖以生存的能源、基础设施、材料，会对环境造成不良影响。对人工智能，我们不仅要考虑它的使用，还要考虑它的生产。生产过程中，所用电力的发电形式可能是不可持续的，人工智能设备的生产要消耗能源和原材料，并产生废弃物。弗洛里迪等人提出了"自我推动"的概念，他们认为人工智能可以帮助人类坚守自己的选择，从而以更加环保的方式行事。但人工智能本身存在一定的伦理风险，它是否能够尊重人类的自主性和人性尊严，这一点还不确定；人工智能会向着良性的方向发展，但良性人工智能虽能照顾人类起居，却也会限制人类自由，产生"人类纪"的弊端，还有可能出现新形式的家长主义和威权主义的风险。此外，人工智能会迫使世界变成一个纯粹的数据存储库，将人类智能降低到只会数据处理，因此使用人工智能应对气候变化，就可能接受了这样的世界观和人类观设定，因为这项工作可能只是一种相当低级的数据处理，只不过需要机器进行增强而已。人工智能的应用不太可能缓解气候变化，也不太可能解决"人类纪"相关问题，最终也无法改变我们与环境的关系。

我们还冒着技术解决主义的风险，建议使用人工智能解决环境问题，可能会假设所有问题都有最终解决方案，只有技术才能解决我们最难的问题，人类或人工智能都能独立地解决问题。但是，环境问题不能完全依靠科技智能来解决，因其关联着政治和社会问题，这些是无法仅仅依靠技术就能解决的。环境问题始终也是人的问题。数学及其延伸技术是卓有助力的工具，但在理解和处理人类问题时却力有不逮。例如，价值观可能会有冲突。人工智能不一定能帮助我们回答优先级的问题，这个重要的伦理兼政治问题，应该留给人类来回答。人文和社会科学教会我们要谨慎对待"最终"解决方案。

此外，不止人类要面对各种问题，非人类物种也是问题不断，人们在探讨人工智能的未来时常常忽视这一点。最终，认为我们应该逃离地球的观点，或者认为一切都是我们人类可以在机器的帮助下操纵的数据的世界观，可能会导致贫富差距扩大、引发大规模形式的剥削和对人类尊严的侵犯，甚至会破坏我们星球上的生存条件，威胁到子孙后代的生命。我们需要更深入地思考如何建设可持续的社会和环境——我们需要人类的思考。

寻求：智能与智慧并存

人类的思维方式包含很多面，人工智能只是模拟了其中一种人类思维和智能，即抽象的、认知的思维方式。事实证明，这种思维方式非常成功，但也有其局限性，它并非是人类具有和展现的唯一一种思维方式。人类该如何生活、如何看待环境、如何与非人类物种建立良好关系，回答这样的伦理和政治问题，需要的不仅仅是人类智能中的抽象智能（如论据、理论、模型），也不仅仅是人工智能模式的识别功能。我们既需要聪明的人，也需要智能的机器，还需要说不清道不明的直觉和感知。为了应对具体问题、具体情况，为了决定事物的优先级，我们需要实践中培养出的智慧及优秀品质。抽象的认知过程和数据分析，可以为这种智慧提供信息；但这一智慧也是基于世界上的具体化的、关系化的和情境化的体验，基于与他人、与物质和与自然环境打交道。我们能否成功地解决我们这个时代的重大问题，很可能取决于抽象智能与具体实践智慧的结合，前者指人类智能与人工智能，后者指具体化的、情境化的人类经验和实践，包括人类的技术经验。无论人工智能向哪个方向继续发展，增长后一种知识，增进后一种学习，都将是人类必须面对的挑战。对此，人类必须义无反顾。人工智能擅长模式识别，但智慧不能委托给机器。

术语表

人类纪(Anthropocene)

指人类当前所处的地质时代。人类纪中,人类对地球及其生态系统的影响与日俱增,人类本身也成为影响全球地形和地球进化的地质力量。

人工智能(AI)

指通过技术手段显示或模拟的智能。人们所能普遍接受的"智能"是指:符合人类智力标准,具备人类认知能力和行为的智能形式。人工智能既是科学分支,也指技术研究,如学习算法。

偏见(Bias)

指对特定个人或群体的歧视或偏爱。在道德和政治领域,特定的偏见公正与否尚且存疑。

数据科学(Data science)

是一种跨学科科学,指运用统计学、算法和其他方法从数据集中提取有意义、有价值的模式——有时也称为"大数据"。目前,机器学习经常被用于这一领域。除了数据分析之外,数据科学还涉及数据的采集、准备和解释。

深度学习(Deep learning)

深度学习是应用具备多层"神经元"的神经网络进行机器学习的一种方式,神经元是相互作用的简单互联处理单元。

伦理设计(Ethics by design)

伦理设计是技术伦理中的一种方法,是责任式创新的关键组成部分,旨在将伦理融入技术的设计和开发阶段。有时也称为"设计内嵌价值"。类似的术语还有"价值敏感设计"和"以伦理为基准的设计"。

可解释性(Explainability)

可解释性指具有解释或被解释的能力。在伦理学领域,可解释性指向他人解释为何做某事或做出某决定的能力;这是承担责任的一部分。

可解释的人工智能(Explainable AI)

指能够向人类解释其行动、决定或建议,或能够提供充分的信息来解释决策过程的人工智能。

通用人工智能(General AI)

通用人工智能是指应用范围广泛的类人智能,是与狭义人工

智能相对的概念,狭义人工智能只能用于解决某一特定问题或任务。通用人工智能也被称为"强"人工智能,与"弱"人工智能相对。

机器学习(Machine learning)

机器学习是指机器或软件能够自动学习,是以计算和统计过程为基础异于人类学习方式的学习模式。学习算法基于数据,可以检测数据中的模式或规则,并对未来的数据进行预测。

道德行为能力(Moral agency)

道德行为能力是指承担道德后果的能力,以及实施道德行为、进行推理、判断和决策的能力。

道德承受体(Moral patiency)

指某一实体的道德地位,体现为该实体受到的对待方式。

道德责任(Moral responsibility)

可以作为"道德"的同义词,也指产生好的道德结果,遵守道德原则,奉行美德,可堪赞扬,等等,强调与规范伦理标准一致。值得思考的是:一个人会在什么情况下需要拥有责任感。需要承担道德责任的条件包括道德行为能力和道德知识。关系方法论强调,人们应该拥有对他人负责的意识。

积极伦理观(Positive ethics)

积极伦理观关注基于实现美好生活与和谐社会的愿望共同

生存的办法。消极伦理观则对不鼓励做的事情设定了限制。

后人类主义（Posthumanism）

后人类主义的核心思想是质疑人类主义，特别是人类的中心地位，并将伦理关注的范畴扩大到非人类物种。

负责式创新（Responsible innovation）

负责式创新是使创新更加具有道德责任感和社会责任感的方法，这通常需要在设计中嵌入伦理观念，并考虑利益相关者的想法和利益。

超级智能（Superintelligence）

超级智能是一种认为机器终将超越人类智力的观点，有时与智能机器设计出更高级的智能引发的"智能爆炸"相关。

可持续人工智能（Sustainable AI）

指能够促使人类（以及许多非人类）不破坏赖以生存的地球生态系统，并采取可持续生活方式的人工智能。

符号人工智能（Symbolic AI）

符号人工智能泛指基于抽象、推理、决策等高级认知任务的符号表征的人工智能。它可以运用决策树，被嵌入业内专家参与设计的各种专家系统之中。

技术奇点(Technological singularity)

该观点认定在人类历史上将会有一个时刻,机器智能的爆炸将给人类的文明带来巨大变化,该变化将超出人类认知范畴。

超人类主义(Transhumanism)

超人类主义认为人类应该通过先进技术来升级自己,并以这种方式改变人类生存的现状,进入新的发展阶段。超人类主义也是一个国际性的文化智力运动。

值得信赖的人工智能(Trustworthy AI)

指可以被人类信任的人工智能。这种信任的条件可以指(其他)道德原则,如尊重人的尊严、人权等,以及影响人们是否愿意使用该技术的社会及技术因素。"信赖"一词是否可以用于技术层面尚存在争议。

参考文献

[1] Accessnow. 2018. "Mapping Regulatory Proposals for Artificial Intelligence in Europe." https://www. accessnow. org/cms/assets/ uploads/2018/11/mapping_regulatory_proposals_for_AI_in_EU.pdf.

[2] ACRAI (Austria Council on Robotics and Artificial Intelligence). 2018. "Die Zukunft Österreichs mit Robotik und Künstlicher Intelligenz positive gestalten: White paper des Österreichischen Rats für Robotik und Künstliche Intelligenz."

[3] "Algorithm and Blues." 2016. *Nature* 537: 449.

[4] AlgorithmWatch. 2019. "Automating Society: Taking Stock of Automated Decision Making in the EU." A report by AlgorithmWatch in cooperation with Bertelsmann Stiftung. January 2019. Berlin: AW AlgorithmWatch GmbH. http://www. algorithmwatch. org/automating-society.

[5] Alpaydin, Ethem. 2016. *Machine Learning*. Cambridge, MA: MIT Press.

[6] Anderson, Michael and Susan Anderson. 2011. "General Introduction." In *Machine Ethics*, edited by Michael Anderson and Susan Anderson, 1 - 4. Cambridge: Cambridge University Press.

[7] Arendt, Hannah. 1958. *The Human Condition*. Chicago: Chicago University Press.

147

［8］ Arkoudas，Konstantine，and Selmer Bringsjord. 2014. "Philosophical Foundations." In *The Cambridge Handbook of Artificial Intelligence*，edited by Keith Frankish and William M. Ramsey. Cambridge: Cambridge University Press.

［9］ Armstrong，Stuart. 2014. *Smarter Than Us: The Rise of Machine Intelligence*. Berkeley: Machine Intelligence Research Institute.

［10］ Awad，Edmond，Sohan Dsouza，Richard Kim，Jonathan Schulz，Joseph Henrich，Azim Shariff，Jean-François Bonnefon，and Iyad Rahwan. 2018. "The Moral Machine Experiment." *Nature* 563: 59 – 64.

［11］ Bacon，Francis. 1964. "The Refutation of Philosophies." In *The Philosophy of Francis Bacon*，edited by Benjamin Farrington，103 – 132. Chicago: University of Chicago Press.

［12］ Boddington，Paula. 2016. "The Distinctiveness of AI Ethics，and Implications for Ethical Codes." Paper presented at the workshop Ethics for Artificial Intelligence，July 9，2016，IJCAI-16，New York. https://www. cs. ox. ac. uk/efai/2016/11/02/the-distinctiveness-of-ai-ethics-and-implications-for-ethical-codes/.

［13］ Boddington，Paula. 2017. *Towards a Code of Ethics for Artificial Intelligence*. Cham: Springer.

［14］ Boden，Margaret A. 2016. *AI: Its Nature and Future*. Oxford: Oxford University Press.

［15］ Borowiec，Steven. 2016. "AlphaGo Seals 4 – 1 Victory Over Go Grandmaster Lee Sedol." *Guardian*，March 15. https://www. theguardian. com/technology/2016/mar/15/googles-alphago-seals-4-1-victory-over-grandmaster-lee-sedol.

［16］ Bostrom，Nick. 2014. *Superintelligence*. Oxford: Oxford University Press.

［17］ Brynjolfsson，Erik，and Andrew McAfee. 2014. *The Second Machine Age*. New York: W. W. Norton.

［18］ Bryson，Joanna. 2010. "Robots Should Be Slaves." In *Close*

Engagements with Artificial Companions: Key Social, Psychological, Ethical and Design Issues, edited by Yorick Wilks, 63–74. Amsterdam: John Benjamins.

[19] Bryson, Joanna. 2018. "AI & Global Governance: No One Should Trust AI." United Nations University Centre for Policy Research. *AI & Global Governance*, November 13, 2018. https://cpr.unu.edu/ai-global-governance-no-one-should-trust-ai.html.

[20] Bryson, Joanna, Mihailis E. Diamantis, and Thomas D. Grant. 2017. "Of, For, and By the People: The Legal Lacuna of Synthetic Persons." *Artificial Intelligence & Law* 25, no. 3: 273–291.

[21] Caliskan, Aylin, Joanna J. Bryson, and Arvind Narayanan. 2017. "Semantics Derived Automatically from Language Corpora Contain Human-like Biases." *Science* 356: 183–186.

[22] Castelvecchi, Davide. 2016. "Can We Open the Black Box of AI?" *Nature* 538, no. 7623: 20–23.

[23] CDT (Centre for Democracy & Technology). 2018. "Digital Decisions." https://cdt.org/issue/privacy-data/digital-decisions/.

[24] Coeckelbergh, Mark. 2010. "Moral Appearances: Emotions, Robots, and Human Morality." *Ethics and Information Technology* 12, no. 3: 235–241.

[25] Coeckelbergh, Mark. 2011. "You, Robot: On the Linguistic Construction of Artificial Others." *AI & Society* 26, no. 1: 61–69.

[26] Coeckelbergh, Mark. 2012. *Growing Moral Relations: Critique of Moral Status Ascription*. New York: Palgrave Macmillan.

[27] Coeckelbergh, Mark. 2013. *Human Being @ Risk: Enhancement, Technology, and the Evaluation of Vulnerability Transformations*. Cham: Springer.

[28] Coeckelbergh, Mark. 2017. *New Romantic Cyborgs*. Cambridge, MA: MIT Press.

[29] Crawford, Kate, and Ryan Calo. 2016. "There Is a Blind Spot in AI

Research." *Nature* 538: 311 - 313.

[30] Crutzen, Paul J. 2006. "The 'Anthropocene.'" *In Earth System Science in the Anthropocene*, edited by Eckart Ehlers and Thomas Krafft, 13 - 18. Cham: Springer.

[31] Darling, Kate, Palash Nandy, and Cynthia Breazeal. 2015. "Empathic Concern and the Effect of Stories in Human-Robot Interaction." In *2015 24th IEEE International Symposium on Robot and Human Interactive Communication* (*RO-MAN*), 770 - 775. New York: IEEE.

[32] Dennett, Daniel C. 1997. "Consciousness in Human and Robot Minds." In *Cognition, Computation, and Consciousness*, edited by Masao Ito, Yasushi Miyashita, and Edmund T. Rolls, 17 - 29. New York: Oxford University Press.

[33] Digital Europe. 2018. "Recommendations on AI Policy: Towards a Sustainable and Innovation-friendly Approach." Digitaleurope. org, November 7, 2018.

[34] Dignum, Virginia, Matteo Baldoni, Cristina Baroglio, Maruiyio Caon, Raja Chatila, Louise Dennis, Gonzalo Génova, et al. 2018. "Ethics by Design: Necessity or Curse?" Association for the Advancement of Artificial Intelligence. http://www.aies-conference. com/2018/contents/papers/main/AIES_2018 _paper_68.pdf.

[35] Dowd, Maureen. 2017. "Elon Musk's Billion-Dollar Crusade to Stop the A.I. Apocalypse." *Vanity Fair*, March 26, 2017. https://www. vanityfair.com/news/2017/03/elon-musk-billion-dollar-crusade-to-stop-ai-space-x.

[36] Dreyfus, Hubert L. 1972. *What Computers Can't Do*. New York: HarperCollins.

[37] Druga, Stefania and Randi Williams. 2017. "Kids, AI Devices, and Intelligent Toys." MIT Media Lab, June 6, 2017. https://www. media.mit.edu/posts/kids-ai-devices/f.

[38] European Commission. 2018. "Ethics and Data Protection." http://ec. europa. eu/research/participants/data/ref/h2020/grants _ manual/hi/ ethics/h2020 _hi_ethics-data-protection_en.pdf.

[39] European Commission Directorate-General of Employment, Social Affairs and Inclusion. 2018. "Employment and Social Developments in Europe 2018." Luxembourg: Publications Office of the European Union. http://ec. europa. eu/ social/main. jsp? catId = 738&langId = en&publd=8110.

[40] European Commission AI HLEG (High-Level Expert Group on Artificial Intelligence). 2018. " Draft Ethics Guidelines for Trustworthy AI: Working Document for Stakeholders." Working document, December 18, 2018. Brussels: European Commission. https: //ec. europa. eu / digital-single-market/en/news/draft-ethics-guidelines-trustworthy-ai.

[41] European Commission AI HLEG (High-Level Expert Group on Artificial Intelligence). 2019. "Ethics Guidelines for Trustworthy AI." April 8, 2019. Brussels: European Commission. https://ec. europa. eu/futurium/en/ai-alliance-consultation/guidelines♯Top.

[42] EGE (European Group on Ethics in Science and New Technologies). 2018. "Statement on Artificial Intelligence, Robotics and 'Autonomous' Systems." Brussels: European Commission.

[43] European Parliament and the Council of the European Union. 2016. "General Data Protection Regulation (GDPR)." https://eur-lex. europa.eu/legal-content/ EN/TXT/? uri=celex%3A32016R0679.

[44] Executive Office of the President, National Science and Technology Council Committee on Technology. 2016. "Preparing for the Future of Artificial Intelligence." Washington, DC: Office of Science and Technology Policy (OSTP).

[45] Floridi, Luciano, Josh Cowls, Monica Beltrametti, Raja Chatila, Patrice Chazerand, Virginia Dignum, Christoph Luetge, Robert

Madelin, Ugo Pagallo, Francesca Rossi, Burkhard Schafer, Peggy Valcke, and Effy Vayena. 2018. "AI4People—An Ethical Framework for a Good AI Society: Opportunities, Risks, Principles, and Recommendations." *Minds and Machines* 28, no. 4: 689 - 707.

[46] Floridi, Luciano, and J. W. Sanders. 2004. "On the Morality of Artificial Agents." *Minds and Machines* 14, no. 3: 349 - 379.

[47] Ford, Martin. 2015. *Rise of the Robots: Technology and the Threat of a Jobless Future*. New York: Basic Books.

[48] Frankish, Keith, and William M. Ramsey. 2014. "Introduction." In *The Cambridge Handbook of Artificial Intelligence*, edited by Keith Frankish and William M. Ramsey, 1 - 14. Cambridge: Cambridge University Press.

[49] Frey, Carl Benedikt, and Michael A. Osborne. 2013. "The Future of Employment: How Susceptible Are Jobs to Computerisation?" Working paper, Oxford Martin Programme on Technology and Employment, University of Oxford.

[50] Fry, Hannah. 2018. *Hello World: Being Human in the Age of Algorithms*. New York: W. W. Norton.

[51] Fuchs, Christian. 2014. *Digital Labour and Karl Marx*. New York: Routledge.

[52] Goebel, Randy, Ajay Chander, Katharina Holzinger, Freddy Lecue, Zeynep Akata, Simone Stumpf, Peter Kieseberg, and Andreas Holzinger. 2018. "Explainable AI: The New 42?" Paper presented at the CD-MAKE 2018, Hamburg, Germany, August 2018.

[53] Gunkel, David. 2012. *The Machine Question*. Cambridge, MA: MIT Press.

[54] Gunkel, David. 2018. "The Other Question: Can and Should Robots Have Rights?" *Ethics and Information Technology* 20: 87 - 99.

[55] Harari, Yuval Noah. 2015. *Homo Deus: A Brief History of Tomorrow*. London: Hervill Secker.

[56] Haraway, Donna. 1991. "A Cyborg Manifesto: Science, Technology, and Socialist-Feminism in the Late Twentieth Century." In *Simians*, *Cyborgs and Women: The Reinvention of Nature*, 149 – 181. New York: Routledge.

[57] Haraway, Donna. 2015. "Anthropocene, Capitalocene, Plantationocene, Chthulucene: Making Kin." *Environmental Humanities* 6: 159 – 165.

[58] Herweijer, Celine. 2018. "8 Ways AI Can Help Save the Planet." *World Economic Forum*, January 24, 2018. https://www.weforum. org/agenda/2018/01/8-ways-ai-can-help-save-the-planet/.

[59] House of Commons. 2018. "Algorithms in Decision-Making." Fourth Report of Session 2017-19, HC351. May 23, 2018.

[60] ICDPPC (International Conference of Data Protection and Privacy Commissioners). 2018. "Declaration on Ethics and Data Protection in Artificial Intelligence." https://icdppc.org/wp-content/uploads/2018/ 10/20180922_ICDPPC-40th_AI-Declaration_ADOPTED.pdf.

[61] IEEE Global Initiative on Ethics of Autonomous and Intelligent Systems. 2017. "Ethically Aligned Design: A Vision for Prioritizing Human Well-Being with Autonomous and Intelligent Systems." Version 2. IEEE. http://standards. Ieee. org/develop/indconn/ec/ autonomous_systems.html.

[62] Ihde, Don. 1990. *Technology and the Lifeworld: From Garden to Earth*. Bloomington: Indiana University Press.

[63] Jansen, Philip, Stearns Broadhead, Rowena Rodrigues, David Wright, Philp Brey, Alice Fox, and Ning Wang. 2018. "State-of-the-Art Review." Draft of the D4.1 deliverable submitted to the European Commission on April 13, 2018. A report for The SIENNA Project, an EU H2020 research and innovation program under grant agreement, no. 741716.

[64] Johnson, Deborah G. 2006. "Computer Systems: Moral Entities but not Moral Agents." *Ethics and Information Technology* 8, no. 4:

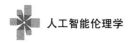

195 - 204.

[65] Kant, Immanuel. 1997. *Lectures on Ethics*. Edited by Peter Heath and J. B. Schneewind. Translated by Peter Heath. Cambridge: Cambridge University Press.

[66] Kelleher, John D., and Brendan Tierney. 2018. *Data Science*. Cambridge, MA: MIT Press.

[67] Kharpal, Arjun. 2017. "Stephen Hawking Says A.I. Could Be 'Worst Event in the History of Our Civilization.'" CNBC. November 6, 2017. https://www. cnbc. com/2017/11/06/stephen-hawking-ai-could-be-worst-event-in-civilization.html.

[68] Kubrick, Stanley, dir. 1968. *2001: A Space Odyssey*. Beverly Hills, CA: Metro-Goldwyn-Mayer.

[69] Kurzweil, Ray. 2005. *The Singularity Is Near*. New York: Viking.

[70] Jones, Meg Leta. 2018. "Silencing Bad Bots: Global, Legal and Political Questions for Mean Machine Communication." *Communication Law and Policy* 23, no. 2: 159 - 195.

[71] Lin, Patrick, Keith Abney, and George Bekey. 2011. "Robot Ethics: Mapping the Issues for a Mechanized World." *Artificial Intelligence* 175: 942 - 949.

[72] MacIntyre, Lee C. 2018. *Post-Truth*. Cambridge, MA: MIT Press.

[73] Marcuse, Herbert. 1991. *One-Dimensional Man*. Boston: Beacon Press.

[74] Marr, Bernard. 2018. "27 Incredible Examples of AI and Machine Learning in Practice." *Forbes*, April 30. https://www. forbes. com/ sites/bernardmarr/2018/04/30/27-incredible-examples-of-ai-and-machine-learning-in-practice/ #6b37edf27502.

[75] McAfee, Andrew, and Erik Brynjolfsson. 2017. *Machine, Platform, Crowd: Harnessing Our Digital Future*. New York: W. W. Norton.

[76] Miller, Tim. 2018. "Explanation in Artificial Intelligence: Insights from the Social Sciences." *arXiv*, August 15. https://arxiv.org/pdf/

1706.07269.pdf.

[77] Mouffe, Chantal. 2013. *Agonistics: Thinking the World Politically*. London: Verso.

[78] Nemitz, Paul Friedrich, 2018. "Constitutional Democracy and Technology in the Age of Artificial Intelligence." *Philosophical Transactions of the Royal Society A* 376, no. 2133. https://doi.org/10.1098/rsta.2018.0089.

[79] Noble, David F. 1997. *The Religion of Technology*. New York: Penguin Books.

[80] Reijers, Wessel, David Wright, Philip Brey, Karsten Weber, Rowena Rodrigues, Declan O' Sullivan, and Bert Gordijn. 2018. "Methods for Practising Ethics in Research and Innovation: A Literature Review, Critical Analysis and Recommendation." *Science and Engineering Ethics* 24, no. 5: 1437-1481.

[81] Royal Society, the. 2018. "Portrayals and Perceptions of AI and Why They Matter." December 11, 2018. https://royalsociety.org/topics-policy/projects/ ai-narratives/.

[82] Rushkoff, Douglas. 2018. "Survival of the Richest." *Medium*, July 5. https://medium.com/s/futurehuman/survival-of-the-richest-9ef6cddd0cc1.

[83] Samek, Wojciech, Thomas Wiegand, and Klaus-Robert Müller. 2017. "Explain able Artificial Intelligence: Understanding, Visualizing and Interpreting Deep Learning Models." https://arxiv. org/pdf/1708. 08296.pdf.

[84] Schwab, Katharine. 2018. "The Exploitation, Injustice, and Waste Powering Our AI." *Fast Company*. September 18, 2018. https:// www. fastcompany. com/90237802/the-exploitation-injustice-and-waste-powering-our-ai.

[85] Seseri, Rudina. 2018. "The Problem with 'Explainable AI.'" *Tech Crunch*. June 14, 2018. https://techcrunch. com/2018/06/14/the-problem-with-explainable-ai/? guccounter=1.

[86] Searle, John R.. 1980. "Minds, Brains, and Programs." *Behavioral and Brain Sciences* 3, no. 3: 417 – 424.

[87] Shanahan, Murray. 2015. *The Technological Singularity.* Cambridge, MA: The MIT Press.

[88] Siau, Keng, and Weiyu Wang. 2018. "Building Trust in Artificial Intelligence, Machine Learning, and Robotics." *Cutter Business Technology Journal* 32, no. 2: 46 – 53.

[89] State Council of China. 2017. "New Generation Artificial Intelligence Development Plan." Translated by Flora Sapio, Weiming Chen, and Adrian Lo. https://flia. org/notice-state-council-issuing-new-generation-artificial-intelligence-development-plan/.

[90] Stoica, Ion. 2017. "A Berkeley View of Systems Challenges for AI." Technical Report No. UCB/EECS-2017-159. http://www2. eecs. berkeley.edu/Pubs/ TechRpts/2017/EECS-2017.

[91] Sullins, John. 2006. "When Is a Robot a Moral Agent?" *International Review of Information Ethics* 6: 23 – 30.

[92] Surur. 2017. "Microsoft Aims to Lie to Their AI to Reduce Sexist Bias." August 25, 2017. https://mspoweruser. com/microsoft-aims-lie-ai-reduce-sexist-bias/.

[93] Suzuki, Yutaka, Lisa Galli, Ayaka Ikeda, Shoji Itakura, and Michiteru Kitazaki. 2015. "Measuring Empathy for Human and Robot Hand Pain Using Electroencephalography." *Scientific Reports* 5, article number 15924. https://www .nature.com/articles/srep15924.

[94] Tegmark, Max. 2017. *Life 3. 0: Being Human in the Age of Artificial Intelligence.* Allen Lane/Penguin Books.

[95] Turkle, Sherry. 2011. *Alone Together: Why We Expect More from Technology and Less from Each Other.* New York: Basic Books.

[96] Turner, Jacob. 2019. *Robot Rules: Regulating Artificial Intelligence.* Cham: Palgrave Macmillan.

[97] Université de Montréal. 2017. "Montréal Declaration Responsible AI."

https://www.montrealdeclaration-responsibleai.com/the-declaration.

[98] Vallor, Shannon. 2016. *Technology and the Virtues*. New York: Oxford University Press.

[99] Vigen, Tyler. 2015. *Spurious Correlations*. New York: Hachette Books.

[100] Villani, Cédric. 2018. *For a Meaningful Artificial Intelligence: Towards a French and European Strategy*. Composition of a parliamentary mission from September 8, 2017, to March 8, 2018, and assigned by the Prime Minister of France, Édouard Philippe.

[101] Von Schomberg, René, ed. 2011. "Towards Responsible Research and Innovation in the Information and Communication Technologies and Security Technologies Fields." A report from the European Commission Services. Luxembourg: Publications Office of the European Union.

[102] Vu, Mai-Anh T., Tülay Adalı, Demba Ba, György Buzsáki, David Carlson, Katherine Heller, et al. 2018. "A Shared Vision for Machine Learning in Neuroscience. " *The Journal of Neuroscience* 38, no. 7: 1601 - 1607.

[103] Wachter, Sandra, Brent Mittelstadt, and Luciano Floridi. 2017. "Why a Right to Explanation of Automated Decision-Making Does Not Exist in the General Data Protection Regulation." *International Data Privacy Law*, 2017. http://dx.doi.org/10.2139/ssrn.2903469.

[104] Wallach, Wendell and Colin Allen. 2009. *Moral Machines: Teaching Robots Right from Wrong*. Oxford: Oxford University Press.

[105] Weld, Daniel S. and Gagan Bansal. 2018. "The Challenge of Crafting Intelligible Intelligence." https://arxiv.org/pdf/1803.04263.pdf.

[106] Winfield, Alan F. T. and Marina Jirotka. 2017. "The Case for an Ethical Black Box." In *Towards Autonomous Robotic Systems*, edited by Yang Gao, Saber Fallah, Yaochu Jin, and Constantina Lekakou (proceedings of TAROS 2017, Guildford, UK, July 2017),

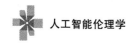
人工智能伦理学

262 - 273. Cham: Springer.

[107] Winikoff, Michael. 2018. "Towards Trusting Autonomous Systems." In *Engineering Multi-Agent Systems*, edited by Amal El Fallah Seghrouchni, Alessandro Ricci, and Son Trao, 3 - 20. Cham: Springer.

[108] Yampolskiy, Roman V. 2013. "Artificial Intelligence Safety Engineering: Why Machine Ethics Is a Wrong Approach." In *Philosophy and Theory of Artificial Intelligence* edited by Vincent C. Müller, 289 - 296. Cham: Springer.

[109] Yeung, Karen. 2018. "A Study of the Implications of Advanced Digital Technologies (Including AI Systems) for the Concept of Responsibility within a Human Rights Framework." A study commissioned for the Council of Europe Committee of experts on human rights dimensions of automated data processing and different forms of artificial intelligence. MSI-AUT (2018)05.

[110] Zimmerman, Jess. 2015. "What If the Mega-Rich Just Want Rocket Ships to Escape the Earth They Destroy?" *Guardian*, September 16, 2015. https://www. theguardian. com/commentisfree/2015/sep/16/mega-rich-rocket-ships-escape-earth.

[111] Zou, James, and Londa Schiebinger. 2018. "Design AI So That It's Fair." *Nature* 559: 324 - 326.

延伸阅读

Alpaydin, Ethem. 2016. *Machine Learning*. Cambridge, MA: MIT Press.

Arendt, Hannah. 1958. *The Human Condition*. Chicago: Chicago University Press.

Aristotle. 2002. *Nichomachean Ethics*. Translated by Christopher Rowe, with commentary by Sarah Broadie. Oxford: Oxford University Press.

Boddington, Paula. 2017. *Towards a Code of Ethics for Artificial Intelligence*. Cham: Springer.

Boden, Margaret A. 2016. *AI: Its Nature and Future*. Oxford: Oxford University Press.

Bostrom, Nick. 2014. *Superintelligence*. Oxford: Oxford University Press.

Brynjolfsson, Erik, and Andrew McAfee. 2014. *The Second Machine Age*. New York: W.W. Norton.

Coeckelbergh, Mark. 2012. *Growing Moral Relations: Critique of Moral Status Ascription*. New York: Palgrave Macmillan.

Crutzen, Paul J. 2006. "The 'Anthropocene.'" In *Earth System Science in the Anthropocene*, edited by Eckart Ehlers and Thomas Krafft, 13 - 18. Cham: Springer.

Dignum, Virginia, Matteo Baldoni, Cristina Baroglio, Maruiyio Caon, Raja Chatila, Louise Dennis, Gonzalo Génova, et al. 2018. "Ethics by Design: Necessity or Curse?" Association for the Advancement of

Artificial Intelligence. http://www.aies-conference.com/2018/contents/papers/main/AIES_2018_paper_68.pdf.

Dreyfus, Hubert L. 1972. *What Computers Can't Do*. New York: Harper & Row.

Floridi, Luciano, Josh Cowls, Monica Beltrametti, Raja Chatila, Patrice Chazerand, Virginia Dignum, Christoph Luetge, Robert Madelin, Ugo Pagallo, Francesca Rossi, Burkhard Schafer, Peggy Valcke, and Effy Vayena. 2018. "AI4People—An Ethical Framework for a Good AI Society: Opportunities, Risks, Principles, and Recommendations." *Minds and Machines* 28, no. 4: 689 - 707.

Frankish, Keith, and William M. Ramsey, eds. 2014. *The Cambridge Handbook of Artificial Intelligence*. Cambridge: Cambridge University Press.

European Commission AI HLEG (High-Level Expert Group on Artificial Intelligence). 2019. "Ethics Guidelines for Trustworthy AI." April 8, 2019. Brussels: European Commission. https://ec. europa. eu/futurium/en/ai-alliance-consultation/guidelines#Top.

Fry, Hannah. 2018. *Hello World: Being Human in the Age of Algorithms*. New York and London: W. W. Norton.

Fuchs, Christian. 2014. *Digital Labour and Karl Marx*. New York: Routledge.

Gunkel, David. 2012. *The Machine Question*. Cambridge, MA: MIT Press.

Harari, Yuval Noah. 2015. *Homo Deus: A Brief History of Tomorrow*. London: Hervill Secker.

Haraway, Donna. 1991. "A Cyborg Manifesto: Science, Technology, and Socialist-Feminism in the Late Twentieth Century." In *Simians, Cyborgs and Women: The Reinvention of Nature*, 149 - 181. New York: Routledge.

IEEE Global Initiative on Ethics of Autonomous and Intelligent Systems. 2017. "Ethically Aligned Design: A Vision for Prioritizing Human

Well-being with Autonomous and Intelligent Systems." Version 2. IEEE, 2017. http://standards.Ieee.org/develop/indconn/ec/autonomous_systems.html.

Kelleher, John D. and Brendan Tierney. 2018. *Data Science*. Cambridge, MA: MIT Press.

Nemitz, Paul Friedrich, 2018. "Constitutional Democracy and Technology in the Age of Artificial Intelligence." *Philosophical Transactions of the Royal Society A* 376, no. 2133. https://doi.org/10.1098/rsta.2018.0089.

Noble, David F. 1997. *The Religion of Technology*. New York: Penguin Books.

Reijers, Wessel, David Wright, Philip Brey, Karsten Weber, Rowena Rodrigues, Declan O'Sullivan, and Bert Gordijn. 2018. "Methods for Practising Ethics in Research and Innovation: A Literature Review, Critical Analysis and Recommendation." *Science and Engineering Ethics* 24, no. 5: 1437 – 1481.

Shelley, Mary. 2017. *Frankenstein*. Annotated edition. Edited by David H. Guston, Ed Finn, and Jason Scott Robert. Cambridge, MA: MIT Press.

Turkle, Sherry. 2011. *Alone Together: Why We Expect More from Technology and Less from Each Other*. New York: Basic Books.

Wallach, Wendell, and Colin Allen. 2009. *Moral Machines: Teaching Robots Right from Wrong*. Oxford: Oxford University Press.

索引

人工智能伦理学